――現場での合意形成から設計、運用まで

つくって、みなおす、デザインシステム

CREATE AND REVIEW DESIGN SYSTEMS

From Consensus Building on Site to Design and Implementation

株式会社ニジボックス

技術評論社

●本書をお読みになる前に

- 本書に記載された内容は情報の提供のみを目的としています。したがって、本書を参考にした運用は必ずお客様ご自身の責任と判断のもとで行ってください。運用の結果について、技術評論社および著者はいかなる責任も負いかねますので、あらかじめご了承ください。
- 本書記載の情報は2024年8月現在のものです。Webサイトの更新やソフトウェアのバージョンアップにより、本書での説明とは機能内容や画面図などが異なってしまう場合もございますので、ご注意ください。

以上の注意事項をご承諾いただいたうえで本書をご利用願います。これらの注意事項をお読みいただかずにお問い合わせいただいても技術評論社および著者は対処いたしかねますので、あらかじめご承知おきください。

●商標、登録商標について

はじめに

より良いサービスを提供する手助けとなるために

本書ではWebやアプリケーションのプロダクトデザインにおいて「デザインシステム」がいかに有用で、どのようなステップを踏んで導入すべきかを扱っています。

本書を手に取ってくださった方々はおそらく、日々の機能改善に追われつつも、デザインシステムの必要性を感じていたり、すでに構築に取り組んでいたりすることでしょう。デジタルプロダクトの開発サイクルがますます加速している現代において、さまざまな制約や要件を考慮しながら、すばやく高品質なデザインを生み出すためには、ルールやガイドラインの整備が欠かせません。デザインシステムは、デザインの一貫性を確保し、効率的なデザインプロセスを促進するための重要な仕組みです。

しかし、多くの組織においては目の前の業務に追われ、ルールやガイドラインの整備は後回しにされがちです。デザイン担当者が不在の期間があったり、担当変更の際にルールの引き継ぎが上手くいかず、現状の体制ではどうにもならない状況があったりして、結果として自分たちのデザインに課題を感じることもあるでしょう。迅速に機能改善のサイクルを回し、ユーザーにより良いサービスを提供したいと思いつつも、その土台づくりや調査の時間が取れないことに歯痒さを感じている方も多いのではないでしょうか。

本書は、そんな状況に直面しているデザイナーの力になることを目指しています。

初学者の方々にも理解しやすい事例を多く盛り込んだ構成で、デザインシステムの基礎から実践的な手法まで幅広く取り扱います。

本書のスコープ

本書では、デジタルプロダクトの運用・改善におけるデザインシステムの導入方法について、実際にデザインシステムの運用・修正を行っているデザイナーの視点から述べていきます。

一方で、トーン＆マナーの根幹をなすコーポレートアイデンティティ（CI）やビジュアルアイデンティティ（VI）といったブランディング分野については、詳細には扱いません。また、開発技術書ではないため、サンプルコードの提示もありません。

本書の構成

本書は、全6章で構成されており、第1章「デザインシステムとは」から第2章「デザインシステムが必要なとき」では、デザインシステムにおける前提知識を述べています。

第3章「デザインシステムを作る前に」では、デザインシステムを導入するときに必要な背景や目的の定義から、合意形成のしかたについて説明します。

第4章「デザインシステムの設計」では、実際に作り始めるときに必要なステップや組織に合った設計の進め方について紹介し、第5章「デザインシステムの導入」では、実際にデザインツールを用いて設計する際に有効な機能の紹介や活用方法を共有します。

最後にあたる第6章「デザインシステムの運用」では、完成・運用開始した後に必要な行動や、形骸化させないために役立つ手法をお伝えします。

現場に寄り添える書籍を目指して

本書では特に「より実践的な」「より現場で活用可能な」デザインシステムの書籍になるよう心がけました。

あまりにも大掛かりな内容では、導入したいと思ってもなかなか学習も進みませんし、とっつきにくいとチームに浸透させるのも骨が折れます。

デザインシステムの導入を試みる多くの現場でも、はじめは手探りなことがほとんどです。完璧にやろうとするよりも、まずは動き出すことが大切です。取り組み始めるときに重要な関係者とのコミュニケーションについては、私たちの経験をもとに詳述しているので、ぜひ参考にしてください。

「導入したい」「効率化したい」と考えた方が、本書を読んだ後にすぐさま「さあ実践しよう」と思ってもらえるような内容になっていたら嬉しいです。

謝辞

本書は多くの方のお力添えのもとに成立しています。この場を借りてあらためてお礼を申し上げさせてください。

まずは、この本を手にとってくださった読者のみなさま。数多くあるデザイン書籍の中からこの本を選んでくださり、ありがとうございました。

次に執筆のお誘いから出版までの伴走をしてくださった、技術評論社の村下さま。いろいろなアドバイスやご支援、ありがとうございました。

最後に書籍の出版に協力してもらったメンバー（敬称略）を掲載し、終わりとさせていただきます。

齊藤 光一、上田 沙緒理、藤間 寛、塩原 茜、金井 秀太、津波倉 千佳、濱﨑美穂、木島 理杜、鶴岡 秋穂、佐々木 雄平、稲垣 夏希、矢富 佑希子、比留間 一穂、富田 英貴、石山 誠一郎、一杉 麻実、内田 美和、山口 由香子、草原唯、吉谷 一倖

Special thanks

髙橋 寛大、太刀川 健太朗、白井 貫太、岸 英里、那須野 望歩、安田 利那、小出 未央

第1章 デザインシステムとは

デザインシステムとは、デザインの一貫性を確保し、効率的なデザインプロセスを促進するために、ガイドラインやアセットなどを連携させた仕組みです。

この仕組みを用いることで、デザイナーやエンジニア、ディレクターといった異なる業務内容のメンバー、あるいは異なるプロジェクトにアサインされたメンバー同士でも共通の認識を持つことができ、判断しやすく、連携の取れた共同作業ができます。

一貫性のあるデザインをすばやく提供できるようになることで、より本質的な問題解決に時間を使うことができ、ユーザーにより良い体験を提供することにつながります。

また、公開されているデザインシステムのなかには**図 1.1**のように「理念」と紐づいているものが多く見られます。しかし、目の前のデザイン作業を効率化することが急務の場合は、デザインシステムをボトムアップで作り、後ほど理念を取り込むこともあります。デザインシステムはそれぞれの現場課題から生まれるものであり、その形はひとつではないことを理解しておきましょう。

本章ではできるかぎり汎用的な用語を紹介しますが、組織やプロダクトによってさまざまな呼び方や分類方法がありますので、知っている言葉に置き換えて読んでいただいてもかまいません。

図1.1　デザインシステムの全体像

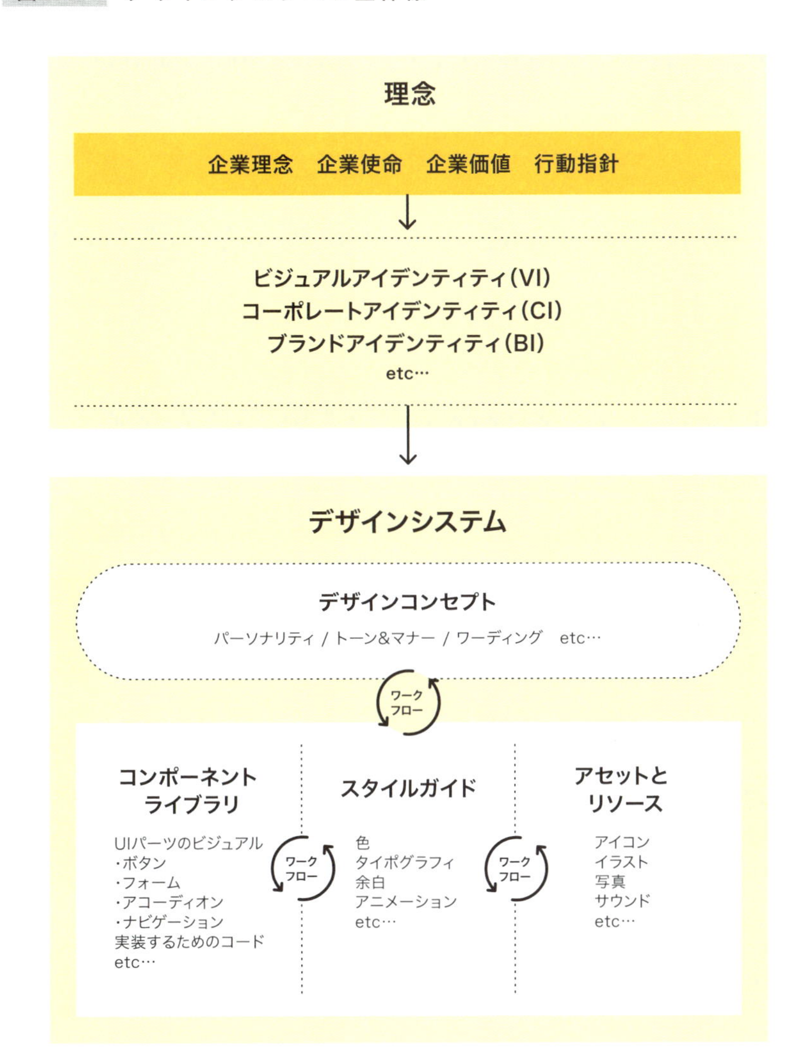

理念とデザインシステムの関係性

デザインシステムについて説明する前に、まずは上位の概念である「理念」について触れておきます。「理念」とは以下の4つを指します。

- **企業理念**：企業の信念や理想的な存在意義を表したもの
- **企業使命**：企業が果たすべき社会的責務や役割を示したもの
- **企業価値**：企業が提供できる価値や強みを示したもの
- **行動指針**：社員がどう行動すべきなのかを示したもの

これらをもとに、自社プロダクトの独自性を表現するためにロゴや色使いなどの視覚的要素を定義したものが「VI」です。「Visual Identity」の略で、その使命や理念を視覚的に伝えるためのものです。たとえば、ロゴ、色、独自のタイポグラフィなどが含まれます。類語にCI（Corporate Identity）、BI（Brand Identity）などがあります。デザインシステムの構成要素のひとつである「デザインコンセプト」は、これらの基本理念やVIに基づいて作成することで、他社との差別化や、企業が発信するメッセージを一貫させられます（**図1.2**）。

以上の関係はやや複雑なので、「Confluence」「Jira」などで有名なAtlassian Design System[注1.1]を例にとって説明しましょう。Atlassianは「すべてのチームの可能性を解き放つこと」[注1.2]をミッションに、大胆さや実用的といった価値観をブランドとして大切にしています。

デザインシステムには、ミッションや価値観（理念）が「明確さ」や「インパクト」といったビジュアルの設計方針（デザインコンセプト）として定義されています。Atlassianはこのデザインシステムを提供するさまざまなサービスに適用し、一貫した世界観を実現しています。

たとえば、それぞれのアプリケーションのカラーや形状からどれも

注1.1　https://atlassian.design/

注1.2　以下を筆者が翻訳したものです。
https://atlassian.design/brand/mission/

図1.2　理念とデザインシステムの関係性

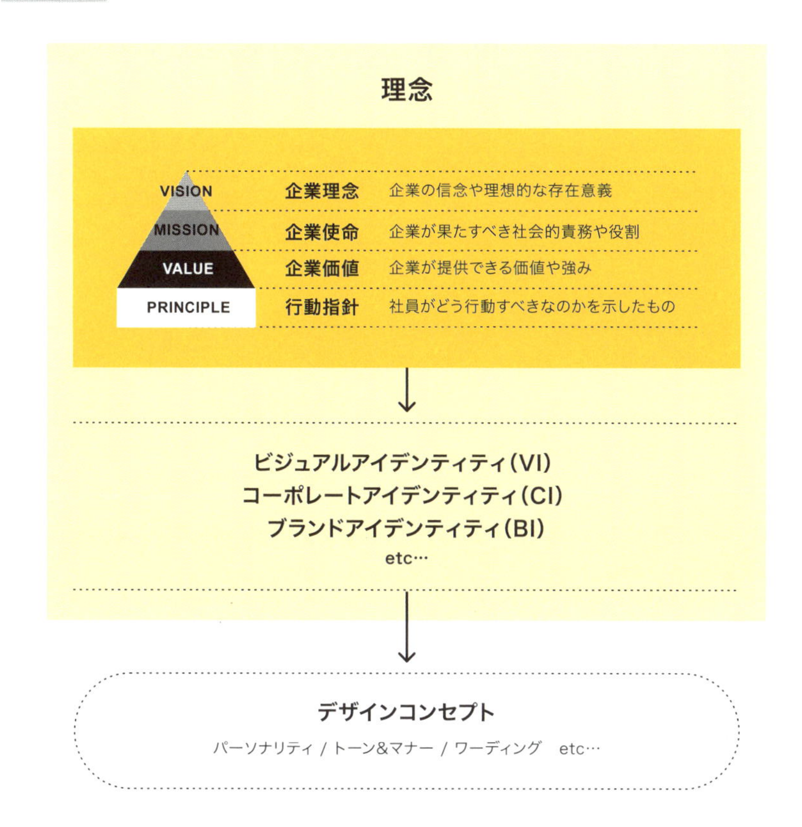

Atlassianのサービスであると連想しやすく、また、共通のUIやレイアウトルールによって同じような使い心地を担保できます[注1.3]。こういった点から、ユーザーがAtlassianらしさを認知できることにもつながっています。

このように、はじめから基本理念に基づいてデザインコンセプトを作成するか、基本理念をそのままデザインコンセプトにするのが理想です。しかし、それには自社のビジネス方針やサービスの根幹についての議論が必要になり、大きな組織では推進するのにハードルが高い場合も多くあるでしょう。

したがって、本書では便宜上VIとデザインコンセプトを分けて説明していきます。

注1.3　https://atlassian.design/foundations/logos/

デザインシステムの構成要素

一口にデザインシステムといっても、構成要素は組織によってさまざまです。本書では、デザインシステムを以下の5つからなるものとします（**図1.3**）。

1 デザインコンセプト
2 スタイルガイド
3 コンポーネントライブラリ
4 アセットとリソース
5 ワークフロー

デザインシステムという言葉から1～4を想起する方もいるかもしれませんが、それぞれが独立した状態ではデザインシステムとはいえません。1のデザインコンセプトに基づいて2のスタイルガイドが作られ、2のスタイ

図1.3　デザインシステムの構成要素

ルガイドに基づいて3のコンポーネントライブラリが作られます。

一方で、2のスタイルガイドや3のコンポーネントライブラリからのフィードバックを受けて、1のデザインコンセプトが更新されることもあります。たとえば、設計した指針の定義が抽象的すぎて一貫性が保てていない場合や、作業中に新しい共通認識が生まれた場合は、指針を具体的にしたり追加したりする必要がでてきます。運用してはじめて気づくことも多いため、1のデザインコンセプトと2〜4に一貫性があるか、定期的にチェックしなければなりません。

このように、指針の参照と設計作業を行き来するなかで、お互いの要素に影響を与え合い、ひとつの大きなデザインシステムが形作られていくのです。

また、デザインシステムの作成に伴い、これらの要素をすばやく評価・定義・更新し、デザイナーや他職種と滞りなく連携するには5のワークフローを整える必要があります。重要なポイントなので、本書ではこのワークフローも構成要素の一部ととらえて進めていきます。

では、各要素をひとつずつ見ていきましょう。なお、1〜4は第4章「デザインシステムの設計」、5は第6章「デザインシステムの運用」でも詳しく説明します。

1 デザインコンセプト

デザインコンセプトとは、参照しただれもがそのプロダクトらしさを提供できるような指針です。デザインの目的や目指すべき方向性を示し、組織内へ共通認識をもたせるための重要な要素です。これを定義することで、次に説明するスタイルガイドやコンポーネントライブラリが作成しやすくなります。

コンセプトの定義のしかたはさまざまありますが、代表的な例をあげます。

- **パーソナリティ**
  - ブランドが持つ独自の個性を人間の人格になぞらえて表現・形容したもの
  - たとえば「明るい」「親切」「積極的」などといった性格のことで、そのブランドから連想される特徴を組み合わせて作成する
- **トーン&マナー**
  - 世界観や企業のブランドイメージでユーザーに与える印象を統一

させるための指針

- 「トンマナ」と略されることが多く、「トンマナを合わせる」という表現は、色調、フォントなどのスタイリングや雰囲気が統一感を持って調和している状態を指す

- **ワーディング**
  - 文章を書くときの言葉遣いや言い回しを統一すること
  - そのサービスがユーザーに対してどういった口調で語りかけるのかを考える。「UX ライティング」など、ユーザーに分かりやすく的確に伝えるライティング手法も

② スタイルガイド

デザインコンセプトに基づき、色やタイポグラフィ、余白などのデザイン要素に関するルールをまとめたガイドラインです。たとえば色であれば、プライマリーカラーとセカンダリーカラーはどの色を採用するのか、採用方針を明確にしドキュメント化します（**図1.4**）[注1.4]。

図1.4　デジタル庁デザインシステムの「カラー」の項目

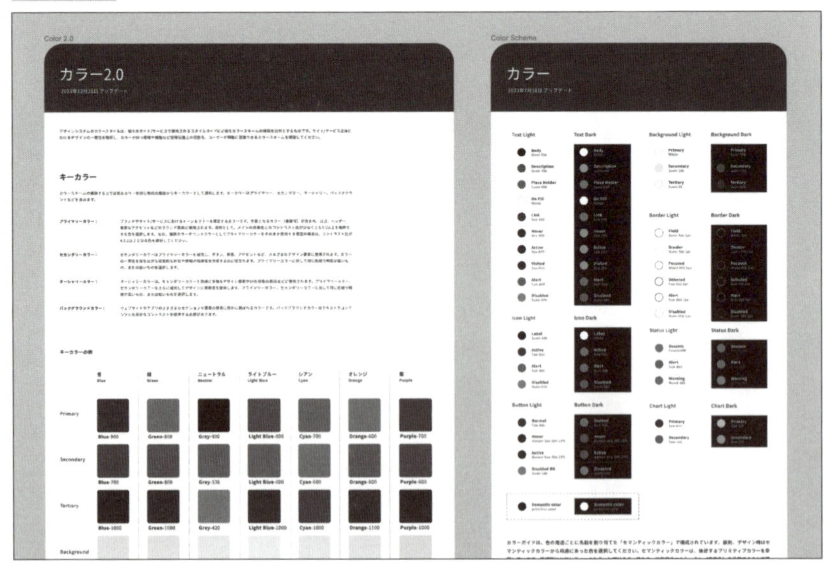

注 1.4　https://www.figma.com/@digitalagencyjp

スタイルガイドは「デザイントークン」というデザインシステムの最小単位から構成されており、UI コンポーネントのスタイリングに使用します。

③コンポーネントライブラリ

コンポーネントとは、ボタンやテキストボックスなど、Web サイトやアプリケーションを構成する部品のことを指します。

Web サイト制作やアプリケーション開発では、複数の画面にわたって同じコンポーネントを使用する場合も多く、その都度一から作成するのは非常に時間がかかります。そこで、コンポーネントをあらかじめ 1 箇所に集め、必要なときに再利用できるようにした仕組みが「コンポーネントライブラリ」です（**図 1.5**）注 1.5。

コンポーネントライブラリを使用することで、新しいページや機能をすばやくデザイン・実装することが可能になり、コンポーネント作成以外の重要な検討事項に時間をかけられるようになるため、デザインの一貫性を保つことができます。

図1.5　SmartHR UIの「Button」コンポーネント

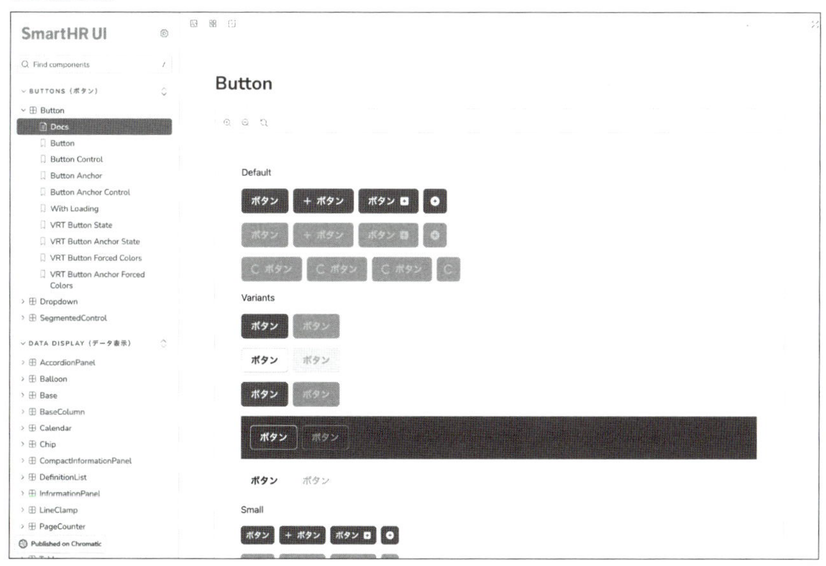

注 1.5　https://smarthr.design/products/components/button/

4 アセットとリソース

デザインシステムには、アイコン、イラスト、画像、フォント、写真（所有している素材やストックフォト）の使用ルールなどの要素も含まれます。

また、組織によってはデザイナー以外の職種の人が普段使用する、名刺や営業資料のテンプレートなどもリソースに含まれます。これらを用意することで、一貫した社外ブランディングができるだけでなく、社内のさまざまな人もデザインに触れる機会ができ、理念の浸透にも寄与します。

5 ワークフロー

一貫したユーザー体験を実現し、デザインと開発をスムーズに連携させるためには、業務を行う際の手順やルールを整える必要があります（図 1.6）[注1.6]。

図1.6　SmartHR Design Systemの「デザインレビュー」の項目

プロダクト
デザイン原則
ユーザビリティ（使用性）
デザイントークン
コンポーネント
コンテンツ
デザインパターン（共通）
デザインパターン（基本機能）
デザインの進め方
デザインデータ
デザインレビュー
リソース

レビュールール

プロジェクト後に性質が違うため、それぞれ定義します。

1. 開発プロジェクトレビュー
2. プロダクトデザイングループレビュー
3. コンポーネント（SmartHR UI）デザインレビュー

1. 開発プロジェクトレビュー

関わる人数が多く、職種も多様なので、目的・背景・概要・レビューして欲しい点を明確にして行なうことが求められる。ただし、人数が少ない場合などはこの限りではない。

推奨事項

- 前提としてデザイナー以外のメンバーが見ることを想定する。
- 仕様やどういったレビューをするか、事前に明示しておくことが望ましい。
- レビューテンプレートを元に先行して送っておく。
- レビューの数日前に送り、前日に再度確認のプッシュをしておく。

レビュー手段

- ツールは限定しない。
- レビューを依頼したいユーザーの環境次第とする。

はじめに
本手引きの使い方
レビューとは
心得
レビューの目的・目標
レビューの種類
レビュールール
1. 開発プロジェクトレビュー
2. プロダクトデザイングループレビュー
3. コンポーネント（SmartHR UI）デザインレビュー
レビュー中のポイント
レビューテンプレート
汎用テンプレート
コンポーネントデザインレビュー用テンプレート

デザインシステムの更新・運用におけるワークフローには、以下のようなルールや手順が含まれます。

注 1.6　https://smarthr.design/products/design-process/review/

- **既存にはない体裁の、新しいコンポーネントが必要になったとき、どのように要望を出し、だれがそれを許可するか**
- **スタイルガイドに基づいて、どのように新しいコンポーネントを設計・開発するか**
- **作成したデザインがデザインコンセプトやスタイルガイドに沿っているかを確認し、どのようにアドバイスを出し合うか**
- **既存のコンポーネントをどのように改良するか、変更の履歴をどう管理するか**

また、デザイン業務を行う前に以下のようなデザイン業務全体に関わるワークフローについても明文化しておくとよいでしょう。これらの内容を構築するには労力がかかるため、あらかじめ定義しておくことでスムーズに業務を進めることができます。

- **だれがどの手順でなんの業務を実施し、どのような意思決定を行うのか**
- **エンジニアやマーケティング担当者など、他職種とどのように分担・連携しながら業務を進めるか**
- **成果物に対し、いつだれがどのような観点でフィードバックするのか**
- **作成したデザインデータやドキュメントをどのように管理・運用するのか**

ワークフローを整備することによって、一貫性のあるデザインを効率的に作成できるだけでなく、チーム間のコミュニケーションの円滑化や新しくチームに参画したメンバーへの教育にも役立てられます。

ワークフローの構成要素は組織によって変わりますが、大切なのは、デザイナーに限らず異なるチームや職種間、組織全体で同じドキュメントやツールを参照し、共通の認識を持つことです。Figmaなどのデザインツールや Notion、Confluence などのナレッジ管理ツール、Web サイトなど、どの立場の人でも閲覧できるツールで公開することが望ましいでしょう。

公開されている さまざまなデザインシステム

デザインシステムは多くの企業や組織で構築・公開されています。本節では代表的なデザインシステムを紹介します。

デジタル庁デザインシステム

デジタル庁デザインシステム[注1.7]は、デジタル庁サービスデザインユニットが公開しているデザインシステムです（**図1.7**）。各省庁がバラバラに作っていた行政のWebサイトやサービスへの適応を前提とし、サービスデザインの「推進」も担っていることが特色です。

初心者にもわかりやすく、構築にこれから取り掛かるチームも参考にしやすいでしょう。

図1.7 デジタル庁デザインシステム

注1.7　https://www.digital.go.jp/policies/servicedesign/designsystem/

Material Design (Google)

Material Design[注1.8]はGoogleが公開しているデザインシステムです(**図1.8**)。直観的な操作を可能にするため、現実世界の物理的要素を取り入れていることが特徴です。アクセシビリティに標準対応しており、インクルーシブな製品設計の基盤にしやすいです。Googleの提供するOSであるAndroidのアプリを作成する場合は目を通すとよいでしょう。

図1.8　Material Design

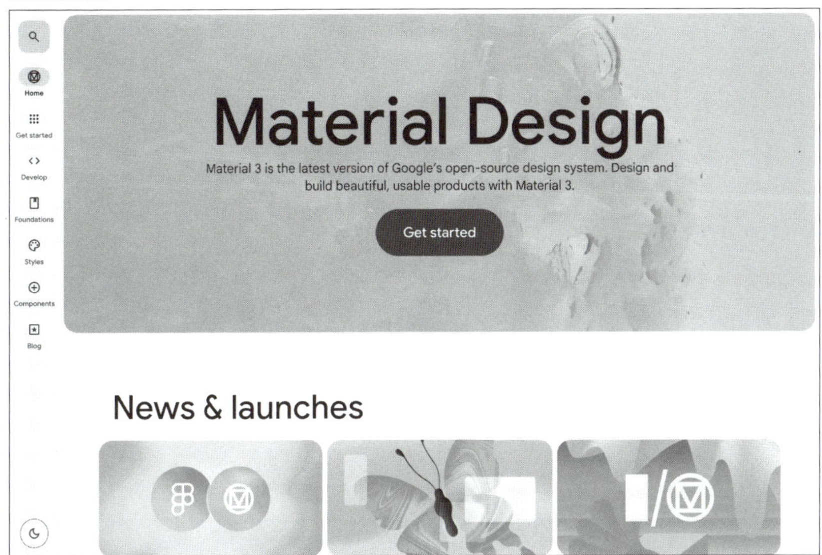

Human Interface Guidelines (Apple)

Human Interface Guidelines[注1.9]はAppleが公開しているデザインシステムです(**図1.9**)。直感的に操作しやすく、一貫性のあるインターフェースでユーザー体験を向上させることを目的としています。iPhoneやiPadなどのApple製品を中心に使用されており、Appleのプラットフォーム上でアプリケーションを提供するデザイナーは目を通すとよいでしょう。こちらも専用のUIキットを配布しています。

注1.8　https://m3.material.io/
注1.9　https://developer.apple.com/jp/design/human-interface-guidelines/

図1.9　Human Interface Guidelines

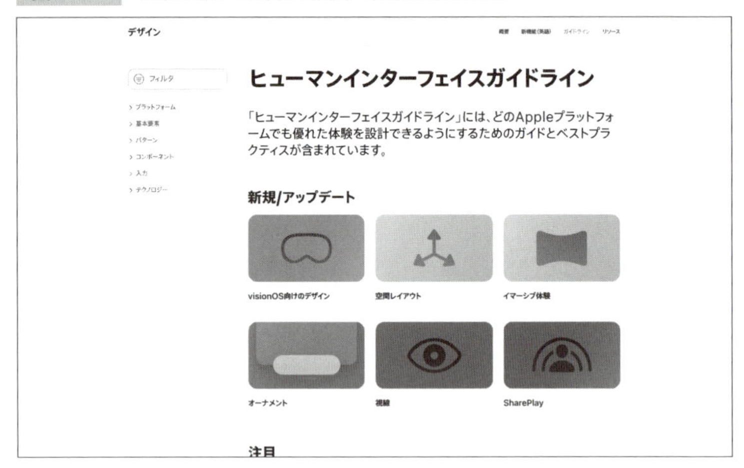

Carbon Design System（IBM）

Carbon Design System[注1.10]はIBMが公開しているデザインシステムです（図1.10）。多様なデバイスやプラットフォームで一貫性の高いユーザー体験を実現することを目的として、さまざまな種類のコンポーネントやパターンが公開されています。

図1.10　Carbon Design System

注1.10　https://carbondesignsystem.com/

Spindle（CyberAgent）

Spindle[注1.11] はAmebaブランドのために構築されたデザインシステムです(図1.11)。「つくる、つむぐ、つづく、」をバリューに掲げ、一貫した「Amebaらしさ」をユーザーに届けることを目指しています。

アクセシビリティを重視することで、障がい者や高齢者まで幅広いユーザーにとって使いやすいデザインを目指していることが特徴です。

図1.11 Spindle

Inhouse（GMOペパボ）

Inhouse[注1.12] は、minneやSUZURIといったGMOペパボのさまざまなサービスの共通基盤となっているデザインシステムです（図1.12）。デザイン要素やルールがわかりやすくシンプルにまとまっているため、初学者の方にもおすすめです。

注1.11 https://spindle.ameba.design/

注1.12 https://design.pepabo.com/inhouse/

図1.12　Inhouse

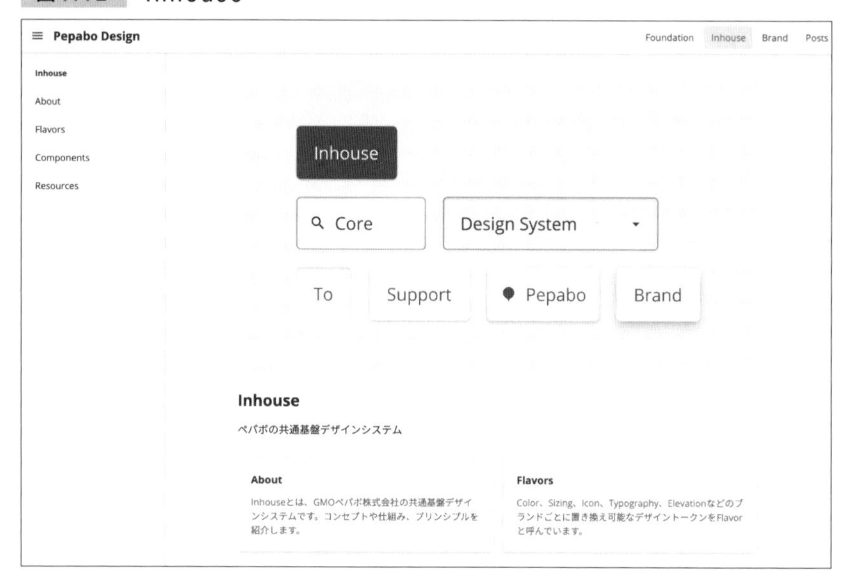

このように、デザインシステムはそれぞれの企業のブランドやデザインの哲学に基づいて構築されており、世界中でさまざまな実例が公開されています。

他社のデザインシステムを参考にすることで、優れたデザインの実例や最新のトレンドを学べるだけでなく、自分たちの組織に合ったデザインシステムを形作るための気づきが得られるはずです。ぜひ一度目を通してみてください。

設計・導入から運用までの流れ

ゼロからデザインシステムを設計し運用するには、以下の3つのステップを踏んでいくことになります。

1 設計
- 現状のデザインの整理
- スコープの定義
- ガイドラインの整備

2 導入
- デザインシステムを用いたデザインの作成
- 連携の仕組みづくり

3 運用
- デザインシステムの更新
- 更新の周知

ここでは全体のプロセスをざっくりと紹介し、後の章で詳しく内容を説明します。あなたが課題だと感じている部分を中心に参考にしてみてください。

1 設計

デザインシステムの設計では、現状使用されているデザインパーツや色などの要素を整理し、スタイリングやコンポーネント作成の土台を作ります。デザインルールやパターンを定義したり、ブランドのイメージを統一させるための作業を行います（**図1.13**）。

図1.13　デザインパターン

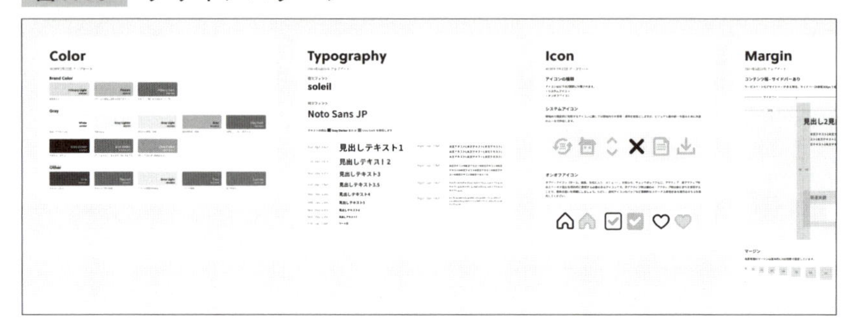

デザインシステムの詳しい設計手順は、第4章「デザインシステムの設計」で紹介します。

② 導入

設計が終わったら、デザインツールを使ってコンポーネントの整理や、ガイドラインの作成を行います。

同時に、デザイナーやエンジニアにデザインシステムを使用するメリットや使い方を説明し、デザインシステムを使用してもらいやすくする必要があります。デザイナー以外の職種の人にもわかりやすいガイドラインを整備するだけでなく、組織でのコミュニケーションや他職種とも連携しやすい仕組みづくりが重要です。

デザインシステムの詳しい導入手順は、第5章「デザインシステムの導入」で紹介します。

③ 運用

デザインシステムは、設計・導入だけでなくプロダクトの成長や変化に合わせて更新などの運用業務を行っていく必要があります。

たとえば、一度作成した入力フォームのコンポーネントを大きく改善する場合、以前の入力フォームのデザインを画面に残してしまうと管理が複雑になるため、既存の画面のコンポーネントを新しいものに差し変える必要が出てきます。しかし、単純なコンポーネントの入れ替えでは新しいパーツとページ全体の色とのバランスが崩れたり、ほかの要素とのレイアウトがずれたり、ほかの画面との整合性が取れないなどの問題が発生する可能性があります。そのため、ほかの画面を新しいコンポーネントに差し替えて問題ないか、ほかの画面にどれくらい影響があるかなどについて事前に考慮が必要です。

これらの改善から検証までをスムーズに行うため、デザイナーがデザインシステムの設計・導入後も継続して運用に関わっていく必要があります。

デザインシステムの運用・保守のフェーズでは、既存のコンポーネントの更新や、新しい要素の追加などを行います。実際にデザインシステムを使用しているデザイナーや開発者からのフィードバックやユーザーのニーズによって、デザインシステムをアップデートする必要があります。また、定期的にデザインシステム自体、あるいはデザインシステムを使って作られたプロダクトの見直しを行ったり、ドキュメント更新の周知やデザインシステムの利用方法の勉強会などを実施する場合もあります。

ここで重要なのは、デザインシステムは設計・導入するだけで完成ではなく、フィードバックと改善を繰り返しながら継続的にデザインシステムを更新して常に作り変えていく必要があるということです。

時代や技術の変化、チームの成長などによって、必要となるデザインシステムは変わっていきます。また、実際にアプリケーションやWebサイトを制作する過程でデザインシステムの問題点が見つかるかもしれません。より優れたサービスを提供するために、目の前の課題に柔軟に対応し、より良いデザインシステムへと成長させていきましょう。

これらのデザインシステムの詳しい運用手順は、第6章「デザインシステムの運用」で紹介します。

デザインシステムの設計〜運用のプロセスは、組織やプロジェクトの規模によっても異なります。自分たちの置かれている状況に合わせて柔軟に選択するとよいでしょう。

第2章

デザインシステムが必要なとき

本章では、デザインシステムを導入することのメリットと、その反面の難しさについて説明したうえで、どんなときに、どのようなデザインシステムを作るべきかを解説していきます。

デザインシステムの導入で期待できること

デザインシステムを導入することで、主に「一貫性の担保」と「業務効率の向上」というメリットが期待できます。

一貫性の担保

デザインシステムを導入することにより、複数のプロダクトで同じスタイルやルールに従うことができるようになるため、ばらつきが少なく一貫性のあるデザインが可能になります。この場合の「一貫性」とは、使用している色やフォント、ボタン、フォームなどの単なる見た目に関する要素だけではありません。操作性やアクセシビリティといったプロダクト全体のルールも含まれます。

一方でデザインシステムを導入していない場合、デザイナーやエンジニアによって同じ機能でも異なるデザインパーツが作られたり、機能やプロダクトごとに操作性にばらつきが出て、ユーザーを混乱させてしまう可能性があります。

デザインに一貫性を持たせることでブランドイメージが統一され、ユーザーからの信頼を獲得できたり、競合プロダクトとの差別化につながります。また、新しい機能やページが追加されてもデザインに一貫性があれば、ユーザーは最小限の学習コストで操作できるようになります。

業務効率の向上

デザインシステムの導入により、さまざまな面でチームメンバーの業務効率を上げることが期待できます。

たとえば、ボタンやフォームなどのコンポーネントをライブラリ管理することで、毎回同じパーツを新しく作成する必要がなくなります。再利用により、デザイン業務の効率化につながるのです。また、ほかの職種と共通のツールを使用したりデザインプロセスを明確化したりすることで、デザイナー同士だけでなくほかの職種のメンバーとの意思疎通も円滑になります。

一方でデザインシステムを導入していない場合、コンポーネントや機能ごとのデザインが俯瞰できず、ルールも明確になっていないことにより、お互い独自のルールや個人の主観で意見を交わしてしまい、収拾がつかなくなる可能性があります。

デザインシステムを導入し業務を効率化することによって、制作のサイクルを早めることができ、中長期的にはデザインや開発にかかるコストを削減できるのです。

第3章「デザインシステムを作る前に」では、導入するメリットをさらに詳しく紹介します。

デザインシステムの展開・運用の難しさ

デザインシステムの導入にはメリットがある一方で、つまずきやすいポイントもあります。

初期コスト

デザインシステムをはじめて設計・導入する際は、デザインガイドラインの作成やコンポーネントの作成・開発・テストなどを最初に行う必要があります。特に大きな組織や複雑なプロジェクトでは、立ち上げ初期に時間や労力などの多大なコストを費やす可能性があります。

このようなコストは、一貫性の担保や業務効率の向上につながるため長期的に見るとコスト削減につながりますが、初期段階での「投資が現実的か」「今、本当に必要なものなのか」といった判断は、組織やプロジェクトの成長段階や規模感に応じて検討する必要があります。

設計・導入にかかる初期コストの算出方法は第3章「デザインシステムを作る前に」で詳しく紹介します。

継続的なメンテナンス

デザインシステムは作って終わりではなく、継続的なメンテナンスが必要です。

ビジネスや技術、ユーザーのニーズは時間とともに変化していくため、メンテナンスをしなかった場合はデザインシステムが形骸化してしまったり、だれにも使われなくなる可能性があります。

また、時間が経つと、既存のドキュメントと実際に運用されているデザインとの間に差異が生じる可能性があります。そのままにしてしまうと、新規参画者が作業を始める際、どちらのルールに合わせるべきか誤解や混乱が生じ、確認の手間がかかってしまうこともあります。

そのような問題を起こさないために、継続的にメンテナンスを行うことで、デザインシステムを実態に合わせて柔軟に変化させていくことが必要です。
デザインシステムのメンテナンス方法ついては第6章「デザインシステムの運用」で詳しく紹介します。

柔軟性の欠如

デザインの判断基準をガイドライン化すると、一貫性や効率性の担保には有用ですが、逆にルールに縛られすぎて新しいアイディアや斬新なデザインを導入する際の制約や障害になる可能性があります。また、新しく決まったルールやコンポーネントをサービスに反映した場合は、たくさんの関係者を巻き込むことになります。これは簡単なことではありません。

たとえば、デザインシステムですでに定義されているボタンの色を変更した場合、ボタンが使用されているすべてのページや機能に影響が出てしまうこともあるでしょう。

一見単純そうな変更でも予期せぬバグやユーザビリティの低下を引き起こすリスクがあるため、あらかじめ影響範囲をしっかりと考慮し、想定される使用シーンをカバーできるよう、ある程度汎用性を持たせて設計しましょう。

デザインシステムの見直しに関する内容は第6章「デザインシステムの運用」で詳しく紹介します。

あなたの現場にデザインシステムは必要？

以上を踏まえて考えれば、デザインシステムはすべての現場に必要なわけではないといえます。デザインシステムが必要になる条件として、以下のようなケースが考えられるでしょう。

プロジェクトの規模が大きい場合

多くの画面や機能がある大規模なプロダクトや、PC表示やスマートフォン表示などさまざまなデバイスで提供されているプロダクトでは、各担当者やデバイスごとに異なるルールやデザインが作られてしまい、全体で見た際にばらつきが出てくる可能性があります。

デザインシステムを導入することによって、プロダクト全体として一貫性のある体験を提供しやすくなります。

チームの人数が多い場合

プロダクトに関わるデザイナーの人数が増えたり、エンジニアやプロジェクトマネージャーなど複数の職種が関わるようになると、デザイナーの間でルールが統一されていなかったり、都度デザインに対して意見やルールのすり合わせを行う必要があり時間がかかってしまいます。

デザインシステムはチームのなかでの共通のルールとして機能するため、属人化を防ぎ、大規模なチームのなかでも統一性を維持し、効率的にコミュニケーションを進める手助けになります。

プロジェクトの更新頻度が高い場合

更新される頻度が高いプロジェクトでは、しばしば新しい要素やデザインの追加が必要になることがあります。そのようななかで異なるデザイナーやエンジニアが更新を繰り返した場合、担当者ごとに独自のデザインルールが作られ、プロダクトを使うユーザーが画面によって異なるデザインに遭遇することで、体験の一貫性が損われる可能性があります。

一方で、デザインシステムを導入していると、更新する際に一から新しいデザインを作る必要がなく、既存のコンポーネントを流用したり、統一されたルールに沿って設計できるため、だれが担当しても更新にかかる手間を削減できます。

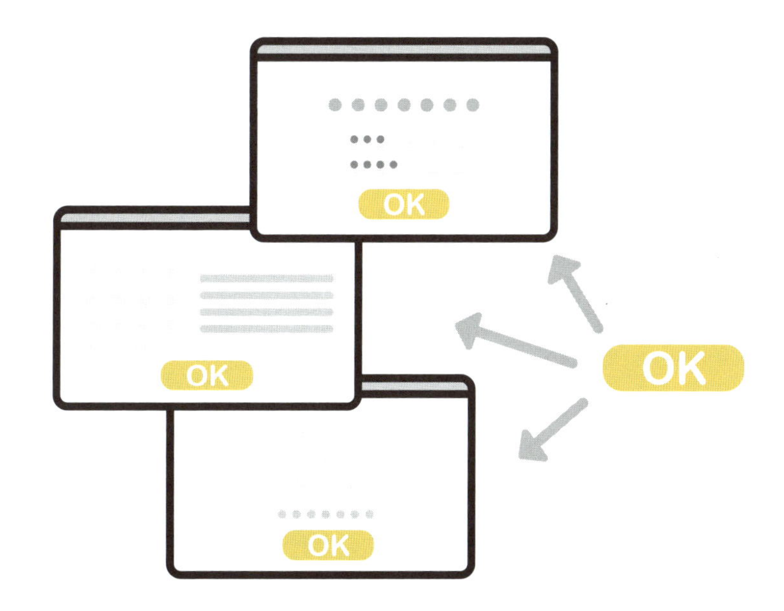

デザインシステムをどこまで作り込む？

デザインシステムが必要と判断した場合でも、どの程度作り込みが必要なのかは状況によって異なります。

たとえば、ボタンやフォームパーツなどのコンポーネントが、状態などの設計も含め網羅的に定義されており、パーツの再利用がしやすいデザインシステムも存在します。

たとえば第1章でも紹介したデジタル庁のデザインシステムは、府省庁のWebサイトやWebサービスに使用することを前提として作られており、多くの種類のコンポーネントと使用ルールが細かく定められています。

また、色や余白、コンポーネントなどのルールに加え、基本原則や思考プロセスなど表現の根幹に関わる内容を充実させているデザインシステムもあります。

たとえばSmartHRのデザインシステムではブランドのパーソナリティを定義しており、色や文章などの基本要素についても、採用の理由や思考プロセスなどが詳しく記載されています[注2.1]。それらを活用することで、プロダクトだけでなく広告やプロモーションにもブランドのパーソナリティを落とし込むことができ、あらゆる接点でSmartHRらしさを届けられるように設計されているといえます。

小規模なプロジェクトや、グッズやチラシなど単発での制作が多い場合は、デザインシステムを作成しても使用する機会が少なかったり、導入初期にかかるコストに見合わない可能性があるため、簡易なデザインシステムで問題ない場合もあります。一方でサービスサイトやアプリケーションなど複数のデバイスに展開されるものは、異なる環境でも統一感を維持する必要があるため、デザインシステムがしっかりと作り込まれていることが望ましいでしょう。

また、イベントサイトのようなマーケティング施策を中心に制作する場合は、施策ごとに個別に最適化したデザインを検討する必要があるため、簡

注2.1　https://smarthr.design/basics/colors/

素なデザインシステムの方が運用しやすいでしょう。コーポレートサイトのような機能やコンテンツの改修を中心に行う場合は更新頻度が高くなるため、デザインシステムをしっかりと作り込むことでスムーズに改修を進めることができます。

　以上をまとめたのが**図2.1**です。デザインシステムを導入する際はそれぞれの現場の環境やニーズに合わせて検討しましょう。

図2.1　デザインシステム作り込みの必要性

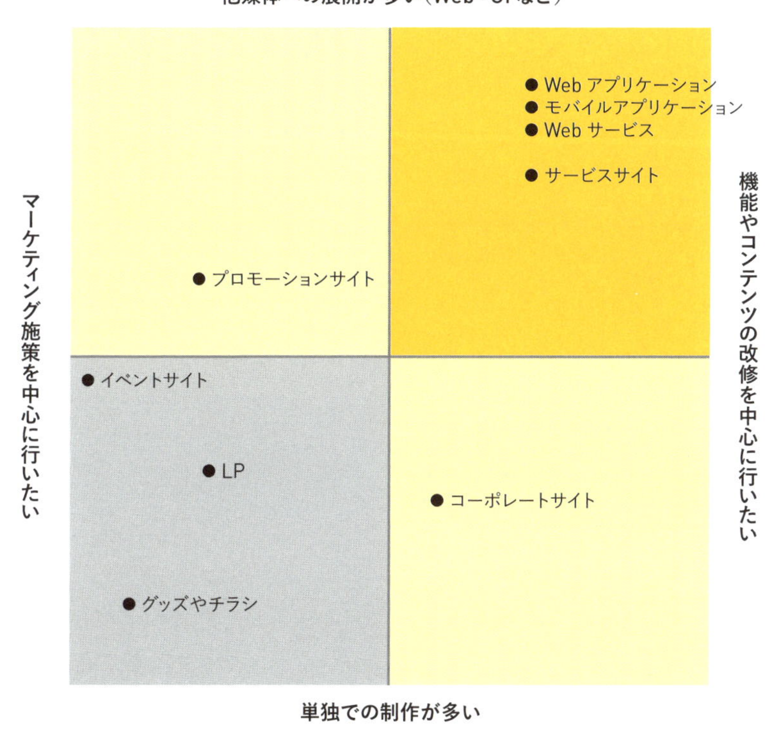

第3章 デザインシステムを作る前に

前章で解説したように、デザインシステムは多くの課題を解消し、プロダクトチームに恩恵を与えます。しかし、「ルールやガイドラインが適用されている状態が当たり前だ」という前提は少し乱暴かもしれません。

デザインシステムを設計・導入をしていくには、デザイナーだけではなくエンジニアとの連携が不可欠であり、相応の工数を費やすことになります。したがって、まずは関係職種にデザインシステムの導入について合意を得て、組織として目標を共有した状態で推進することが大切です。

そのために、デザインシステムのメリット・デメリットについてプレゼンテーションを行うなど、丁寧なコミュニケーションをとる必要があります。

また、合意形成の難易度が高い場合は企画書を作成するとよいでしょう。ドキュメントにまとめることで、プロジェクトを進めるデザイナーチーム自体も目的意識を持ってモチベーション高く取り組むことができます。

合意形成と聞くと難しそうと感じるかもしれませんが、議論を可視化したり、調整や交渉をしたりすることは、普段のデザイン業務にも近い部分はあるのではないでしょうか。

本章では、合意までのハードルが高い場合を想定し、課題の洗い出しや合意形成のしかたを紹介します。まずは「背景」と「目的」を明確にして、次のような内容を盛り込んだ企画書を作ることを目標にするとよいでしょう[注3.1]。

- **デザインシステムを必要とする背景**
  - 現状の説明
  - 課題の特定
  - 課題による影響
  - 解決の必要性
- **デザインシステムを導入する目的**
  - 「一貫性」の観点からの具体的な目的
  - 「業務効率」の観点からの具体的な目的
- **デザインシステムの設計・導入の実施計画**
  - 成果物のイメージ
  - 実施のための体制と担当内容

注 3.1　参考：日本能率協会マネジメントセンター編『やさしい・かんたん 企画書・提案書』(日本能率協会マネジメントセンター、2023 年) p. 79

- スコープ外とするもの
- タスク一覧とそれにかかる労力
- 実施のスケジュール

デザインシステムの導入による効果

- 想定される定量的な効果
- 想定される定性的な効果
- 他所での導入事例とその効果

課題を洗い出す

「背景」と「目的」を定義するために、まずは課題を洗い出しましょう。

課題を洗い出すための観点と手法

一般的にデザインシステムを導入する際には、「一貫性」と「業務効率」が重要な要素といえます。以下のチェックリストを活用し、どんな課題が当てはまるか組織内で確認しましょう。また、それ以外に課題がないかもヒアリングしましょう[注3.2]。

- **一貫性**
  - 同じパーツなのにデザインや機能に差異がある
  - ダークモードやライトモードなど複数のテーマを使用している、使用する予定だ
  - 複数のデバイス間でブランドイメージが統一されていない
- **業務効率**
  - 似たようなパーツを何度も一から構築している人がいる
  - 打ち手の検討に入るまでに時間と労力がかかっている
  - 問題が出たときに何度も同じ議論をしている
  - プロトタイプの作成に時間がかかる
  - 最新版のパーツを確認するのに時間がかかる
  - メンバーごとに成果物の品質にブレがある
  - 新規メンバーが既存メンバーと同じスキルレベルになるまでに時間と労力がかかっている
  - デザイナーとエンジニアの連携に手間取っている
  - デザイン実装におけるの開発の検討コストが高い

また、課題の洗い出しに役立つ手法もいくつか考えられます。

注 3.2　参考：https://help.figma.com/hc/en-us/sections/14548397990423-Introduction-to-design-systems-5-parts

まず、一貫性に関しては「ヒューリスティック分析」が挙げられるでしょう。これは、専門的観点からプロダクトを分析・評価し、プロダクトの優れている点や問題点を探る手法で、競合との比較の際に用いられることもあります。

一方、業務効率に関しては以下のような手法が挙げられます。

- KPT（Keep, Problem, Try）
  チームが行った作業やフローの問題点を出し合い、改善するための手法
- Star fish
  自分たちの行動を評価し、目の前の一番大きい課題にアプローチして改善していく手法
- Timeline
  時間軸に沿って重要なイベントや変更をマッピングし、その影響を理解するための手法

こうした作業を通して、現状の課題を洗い出し共有できる状態にしておくことで、以降の工程がスムーズに進められるようになるでしょう。

課題に優先度をつける

課題の洗い出しができたら、優先度をつけましょう。優先度をつける際は、以下のような評価軸があります。

- **影響度**：各課題が解決されたときにどの程度の影響があるか
  たとえば、全社規模で使用されるUIコンポーネントの統一化であれば、開発の効率化やプロダクトの品質向上に大きく寄与するといえる
- **緊急度**：早急に対応すべき課題かどうか
  たとえば、UX（User Experience）を損ねるデザインが存在する場合、その解決はプロダクト全体に関わるため緊急度が高いといえる
- **解決の難易度**：課題を解決するためにどのくらいリソース（時間、人員、費用など）が必要になるか
  たとえば、すでに作成されたUIコンポーネントの微調整であれば、新たにコンポーネントを一から作成するよりもリソースがかからないため、難易度が低いといえる
- **戦略的な重要度**：課題がプロダクトの目標や計画にどれだけ関連しているか
  たとえば、ブランドイメージの一貫性を保つという企業の戦略に直結しうる課題は、プロダクトの利益に関わるため重要度が高いといえる

優先度をつける際には、それぞれの課題に対してこれらの評価軸を掛け合わせ、**表3.1**のように一覧してみるとよいでしょう。

表3.1　各要素の評価のイメージ

評価項目	影響度	緊急度	解決の難易度	戦略的な重要度
課題1	低	低	高	中
課題2	中	中	低	中
課題3	高	低	高	低
…				

表 3.1 でいえば、課題 1 は「影響度も緊急度も低く戦略的な重要度も高くなく解決難易度が高いもの」となり、優先度としては下がります。一方で課題 2 は、「影響度も緊急度も中程度あり、解決難易度は低い」ためコストパフォーマンスが比較的良さそうです。優先度を上げ、この課題から取り組んでもよいでしょう。そして課題 3 は「緊急度は低いが、影響度が高い」ため、長期的に取り組んでもよさそうです。

優先度づけに役立つ手法

優先度づけをするのが難しい場合は、以下のようなフレームワークがあります。

意思決定マトリクス

評価項目と「重み」を設定し、**表 3.2** のように課題の優先度を点数化するフレームワークです。重みとは、その評価項目をどれだけの比重で点数化をするかというものです。重視する項目には重みをつけます。直感的に決めるよりも定量的に評価できるため、判断がしやすくなります。個人での活用はもちろん、アンケート形式にし、複数人に評価を促すこともできます[注 3.3]。

表3.2 意思決定マトリクス（5点満点の場合）

評価項目	影響度 × 2.0	緊急度 × 2.0	解決難易度 × 1.0	戦略的な重要度 × 1.0	合計
課題 1	2	1	5	3	14
課題 2	3	3	2	3	17
課題 3	5	2	5	2	21
…					

合計点数が高いほど優先順位も高くなるといえますが、必ずしも点数の高い課題から対応しなければいけないわけではありません。この整理をした後にあらためて最終的な意思決定を行います。

注 3.3　参考：株式会社アンド 著『ビジネスフレームワーク図鑑：すぐ使える問題解決・アイデア発想ツール 70』（翔泳社 , 2018 年）p. 38

緊急度／重要度マトリクス

図3.1のように「緊急度」と「重要度」の2軸で課題を分類するフレームワークで、限られた労力をどのように配分するか選択する際に役立ちます[注3.4]。

図3.1　緊急度／重要度マトリクス

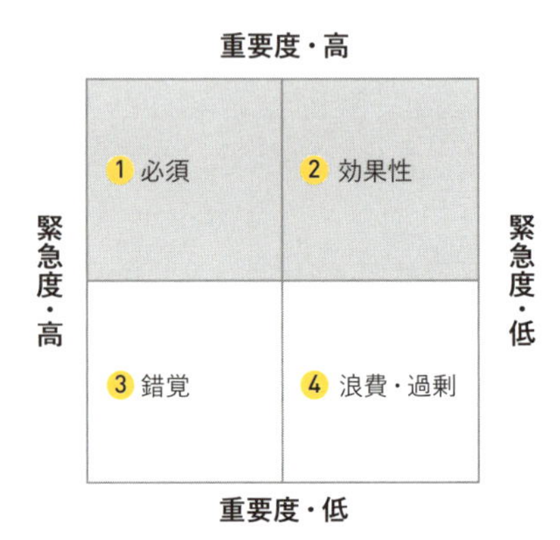

それぞれの領域に属する課題の優先度は以下のように判断できます。すなわち、1と2にあるものが優先度が高い課題といえるでしょう。

- 1**必須**：緊急かつ重要。最優先で取り組むべきもの
- 2**効果性**：緊急ではないが重要。中長期的にみて時間をかけてでも取り組むべきもの
- 3**錯覚**：緊急だが重要ではない。ここに時間をかけても生産性は上がらない
- 4**浪費・過剰**：緊急でも重要でもない。最も優先度が低い領域

ここまでくれば、背景と目的が掴めた方もいるかもしれません。次のステップからは実際に資料化していきます。

注3.4　スティーブン・R・コヴィー 著／フランックリン・コヴィー・ジャパン 訳『完訳 7つの習慣』（キングベアー出版、2013年）

背景を定義する

「なぜデザインシステムが必要か」「どのような状況や問題が起きているのか」といった「背景」を定義しましょう。デザイナーにとってはあたりまえのことも、ほかの職種や立場の人にとっては想像がつきにくいことがたくさんあります。そのような人たちにも理解してもらうために、現在の状況を詳しく言語化しましょう。より具体的で詳細な背景を提供することで、デザインシステム導入後の良い影響や重要性を強調できます。

背景として盛り込むべき要素は以下の4点です。これらを明確にしたうえで、「デザインシステムの導入が必要である」という結論で結びます。

- **現状の説明**
  - 現在のデザインの状況についての説明
  - 他職種から想像しづらいと思われる場合は、スクリーンショットを用意して具体的にデザインに差異がある部分を見せると伝わりやすい
- **課題の特定**
  - 現状が問題となっている理由
  - 業務効率に焦点を当てる場合は定量的な数値に置き換えて説明すると、問題がどれだけ重要なのか、他職種にも想像しやすくなる
- **課題による影響**
  - 問題が引き起こす具体的な影響や、このまま放置するとどのような状況になるか
  - ブランドやサービスにとって致命的な事態であれば、重要度や緊急度が伝わりやすい
  - 効率を高めたいという要望であれば、さまざまな職種や立場の人からも理解を得やすい
- **解決の必要性**
  - その問題を解決すべき理由

以下に実例を記載しましたので、あわせて参考にしてみてください。

現状の説明	現在、私たちチームは、各々が個別にデザインを作成しています。これにより、同じ機能でも異なるアウトプットになることもしばしばです。
課題の特定	例えば、異なる形状やスタイルのボタンが混在していることで、ユーザーの学習コストが上がり、押せるパーツかどうか判断に迷う可能性があります。 決定する　決定する　決定 また、このサービスではボタンという部品が合計◯か所に使われていますが、1つのボタンを開発するのに大体◯分かかるため、単純計算すると◯時間分余計な手間ががかかっています。 同じ機能の開発でも、異なるデザインが存在すると、エンジニアは都度新たなパーツとして実装しなければならなくなります。
課題の影響	この状態のままだと、ユーザビリティが下がって顧客満足度が低下する可能性があるほか、開発期間も長引きます。
解決の必要性	解決のためには、デザイナーとエンジニア間で使用できるデザインシステムの導入が効果的です。

目的を定義する

デザインシステムの導入を必要とした課題と背景を踏まえて、デザインシステムの目的を定義しましょう。

以下に一般的に考えられるデザインシステムの目的を紹介しますが、必ずしもすべてを取り込む必要はありません。あくまでサービスの特性に合った目的設定を意識し、それぞれの重要度を確認しながら取捨選択をしていきましょう。

まずは「一貫性」にまつわる目的です。たとえば次のような目的が考えられます。

- **ユーザビリティの向上**
  - 一貫したデザインパターンを繰り返し使うことで、ユーザーの混乱を防ぎ、学習コストを軽減させる
- **アクセシビリティの向上**
  - パターンやコンポーネントを見直すことで、サービスのアクセシビリティを一定水準に保つ
- **ブランドイメージの統一**
  - 異なる画面でもトーン&マナーやユーザー体験を統一することで、ブランドを想起しやすくする
- **拡張性の確保**
  - 複数のカラーテーマを切り替えられるシステムにすることで、ダークモード対応が必要な場合にスピーディに実装できるようにする

一方の「業務効率」にまつわる目的としては次のような目的が考えられます。

- **再利用性の強化**
  - 再利用できるコンポーネントを作成し、繰り返し発生していたタスクを削減する

  - ルールや指針を設けることで、検討コストを減らす
- **ワークフローの最適化**
  - 効率的な作業フローを構築し、デザイナーやエンジニアの作業時間やレビュー時間を短縮させる
- **コラボレーションの円滑化**
  - 他職種と共通のデザイン言語を作りコミュニケーションを円滑にする
  - 共同作業ができる共通のツールを使用することで、タイムラグを減らす

プロダクトの成長過程には以下の3つの段階があり、それぞれに合った対応を取る必要があります。現在の局面を振り返ることで、デザインシステムの目的が掴みやすくなるかもしれません。

- **MVP（Minimum Viable Product）**
  - 顧客に価値を提供できる最小限の状態
  - すばやく機能を充足させるために、作業効率やスピードを重視した開発が求められる
  - 機能面で基本的な実用性を担保し、ユーザーが成し遂げたい目的を達成できることが必要

- PMF（Product-Market Fit）
  - 顧客が満足する商品を最適な市場で提供できている状態
  - 次の「Growth」に向けて、機能価値を高めたり、情緒的価値が重要になるフェーズ
  - ユーザーの目的が達成できる機能が備わっているだけでなく、ユーザーが心地よいと思う体験が実現できることが必要
- Growth
  - プロダクトが成長しているフェーズで、より高い品質の機能的価値・情緒的価値が求められる
  - 機能を検証し改良版をリリースしたり、ユーザーがよりプロダクトに重要な価値を感じられる体験をできるように作り込みをすることが重要

大まかには、早い段階ほど「目的が達成できること」に価値を置き、成長するにつれて「心地よい体験ができること」を追求していくといった形になっています（**図3.2**）[注3.5]。合意形成をするうえでも、事業目標と紐づいていると納得感が出やすいでしょう。

図3.2　プロダクトの局面ごとの目的

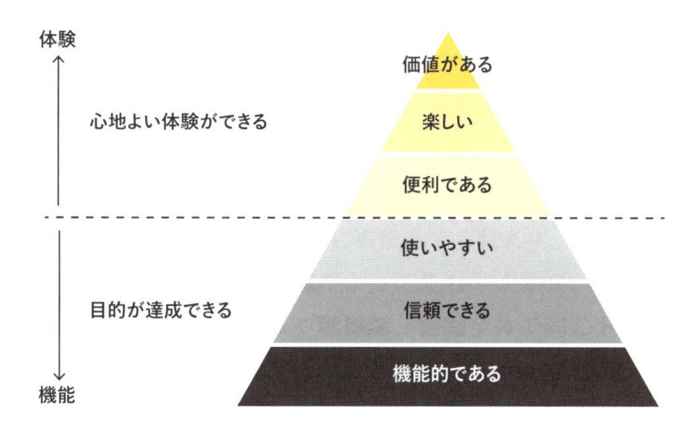

注3.5　参考：btrax 著／ブランドン・片山・ヒル 監修『[発想から実践まで] デザインの思考法図鑑』（ソシム、2023年）p. 124

以上のように目的を設定することで、メンバー全員が同じゴールに向かって進めるようになります。新たに生じた課題に対しても、明確な目的があればそれを基準に優先順位を決定できますし、適切な意思決定をすばやく行えるようになるでしょう。

また、目的はこのプロジェクトの成功を評価する指標にもなります。どの程度目標を達成したのか、どの点で改善が必要なのかを明確に把握できるようになるはずです。

プロジェクト関係者とスムーズにコミュニケーションをとるためにも、デザインシステムの目的を明確にすることを意識しましょう。

調査をもとにスコープを定義する

ここまでは、課題を洗い出し、プロジェクトの背景とデザインシステムの目的を設定しました。いよいよ具体的な作業項目に落とし込んでいきましょう。大切なのは、プロジェクトが壮大すぎて終わりが見えないものにならないように意識することです。

デザインシステムを導入すると、まるで魔法のようにすべてが解決すると思われるかもしれません。しかし、その実現のためには、相応の労力が必要となります。それを念頭におきつつ、適切なスケール感を持つことが重要です。チームの規模に合った構築範囲や、取り組むべき課題を明らかにする必要があります。そして、このプロセスにより、チームにとって過剰なシステム構築を避けることができます。

いきなり大規模なシステムを作ろうとして挫折しないために、小規模なシステムからスタートして、少しずつ拡張性を持たせていくことも有効な手段のひとつです。デザインシステムの導入は長期戦と思っていただいて、焦らず、一歩一歩進めていきましょう。

本書では、スコープの定義を以下の４つのステップで進めていくことにします。

1. **どんなデザインシステムが必要かを検討する**
2. **推進者・協力者・関係者・承認者を確認する**
3. **タスクを分解する**
4. **コストを見積もる**

❶どんなデザインシステムが必要かを検討する

まずはデザインシステムをどのようなものにするのか、どう使うのかをチーム内で検討しましょう。

デザインシステムに必要な要素とは？

デザインシステムにどのような要素を含めるべきかを決定します。第1章では、デザインシステムを以下の5つからなるものとしました。

❶デザインコンセプト
❷スタイルガイド
❸コンポーネントライブラリ
❹アセットとリソース
❺ワークフロー

チームの課題・背景に対して、どこまでデザインシステムを導入するのか、各要素をどの程度充実させるべきかも定義できるとよいでしょう。第1章でも紹介した公開されているデザインシステムや類似プロダクトを例に挙げると議論がしやすくなります。

どんなドキュメントにまとめる？

デザインツール内だけでまとめるのであれば、デザイナーのフットワークは軽くなるでしょう。デザイナー以外のだれでも編集できるドキュメントにまとめる場合は、デザインツールとドキュメントとの行き来が発生します。

また、同じ情報を複数のドキュメントに載せると、更新に手間がかかります。メンテナンスを怠るとどれが最新情報かわからなくなるため、二重管理はできるだけ避けましょう。

だれに向けて公開する？

デザイナーチームの業務効率が目的であれば、デザイナーがアクセスしやすい状態がよいでしょう。一方、エンジニアとのコラボレーションを意識するなら、エンジニアもアクセスしやすいドキュメントにしましょう。全社横断で公開することもできますし、全世界に公開している場合もあります。

公開範囲のレベルが上がるにつれ、より多様なバックグラウンドを持つ人にも理解できるよう、デザインシステムのまとめ方に気を配る必要があります。

② 推進者・協力者・関係者・承認者を確認する

デザインシステム導入を実現するためにどのような人々の合意が必要なのかを整理しましょう。関係者やステークホルダー（利害関係者）が多かったり、越境のハードルが高い場合は、コミュニケーションコストが上がることを意識してください。合意形成するためにやらなければならないことも一緒に洗い出せば、その後の進め方もイメージしやすくなります。

代表的なステークホルダーとして、以下のようなものが考えられるでしょう。

- **推進者**：デザインシステムの導入を進める人
- **協力者**：推進者をサポートする人
- **関係者**：エンジニアやプロジェクトマネージャー（PM）などのプロダクト関係者
- **承認者**：プロダクトオーナー（PO）などの決裁権を持っている人

これらを明確にするにあたって、まずは組織構造を明確化しておくとよいでしょう（**図3.3**）。チーム内にすでに組織図が存在している場合は、流用してもかまいません。

図3.3　組織図の例

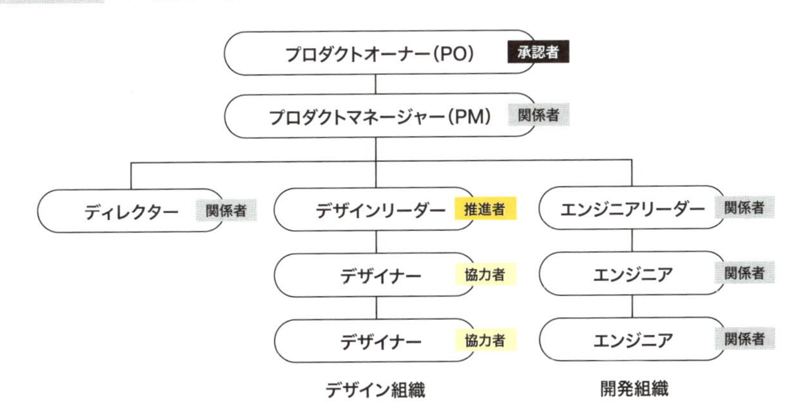

合意形成のゴールは「承認者」の合意を得ることですが、直接アプローチをする前に、さまざまな関係者と認識合わせをする必要があります。なぜなら「承認者」はプロジェクトについて客観的に評価しなければならない立場にあるからです。

たとえば、エンジニアリーダーが導入に反対の意志があればプロダクトオーナーも納得しづらいでしょう。プロダクトオーナーがプロジェクトの妥当性を判断する際に、デザイナーの意見だけでなく、他職種のチームメンバーの意見を踏まえ、多角的に状況把握をする必要があります。そのため、すべての関係者が一致した意見を持つことが、最終的に承認者からの合意を得ることにつながります。

最終的には、**表3.3**のようにまとめるとわかりやすいでしょう。「確認先」が個人になる場合は、バイネームも添えることがポイントです。

表3.3　合意形成を整理した例

順序	やること	担当者	確認先	進め方
1	導入方針に問題がないか確認	推進者	PM ○○さん	すべての整備を一気にするとコストが大きいため、コンポーネント、ガイドライン、ワークフローの3つに分けて開発決済を取りにいきたい
2	資料化作業	協力者	デザイナー○○さん	デザインリーダーから手伝ってほしいタスクを都度指示する
3	開発見積もり依頼をする	推進者	エンジニアリーダー○○さん	開発懸念が無いか合わせてヒアリングする
4	開発開始決済の承認をもらう	推進者	PO ○○さん	持ち込み前にデザイナーチームでレビューをしたい
5	開発のスケジュールに入れてもらう	推進者	ディレクター○○さん	念のため、前もって動き方を軽く説明しておく

③タスクを分解する

続いてはやるべきタスクを一覧化しましょう。規模感を具体的に示すことで、かかるコストが算出しやすくなります。

たとえば、下記のようなタスクへの分解が考えられます。

- **コンポーネントライブラリの整備**
  - 差異のある部分の洗い出し
  - 整備方針の策定
  - ライブラリの整備作業（全10画面）
- **デザインガイドラインの作成**
  - 明文化されていないルールの洗い出し
  - デザインルールの定義
  - スタイルガイドの作成
  - 更新フローの構築
- **ワークフローの策定**
  - ガイドラインの評価方法の策定
  - 新規パーツの定義フローを言語化
  - チームへ周知＆浸透

あまりに規模が膨大になりそうな場合は、タスクを整理しやすくするために、画面別や機能別でも検討できるように分類しておくと進めやすくなります。

たとえば、先のタスクのうち「ライブラリ整備作業（全10画面）」についてタスクを詳細に分解してみたのが**表3.4**です。画面名のほかにスクリーンショットも添えると対象の画面がどれなのか一目で理解できるのでおすすめです。

さらに、この段階でひとつのタスクにかかる作業工数や期間も記載しておけば、この後の「④コストを見積もる」の作業がしやすくなります。

表3.4　ライブラリ整備作業を分解した例

工程	イメージ	コンポーネント名	作業内容	関連画面	工数
1	(画像)	button	コンポーネント作成、使用方法の策定、ライブラリへの反映、画面デザインへの展開	(画面のスクリーンショット)	3人日
2	(画像)	icon	コンポーネント作成、使用方法の策定、ライブラリへの反映、画面デザインへの展開	(画面のスクリーンショット)	1人日
3	(画像)	dialog	コンポーネント作成、使用方法の策定、ライブラリへの反映、画面デザインへの展開	(画面のスクリーンショット)	5人日
4	(画像)	radio button	コンポーネント作成、使用方法の策定、ライブラリへの反映、画面デザインへの展開	(画面のスクリーンショット)	3人日
…		…	…		…
10	(画像)	card	コンポーネント作成、使用方法の策定、ライブラリへの反映、画面デザインへの展開	(画面のスクリーンショット)	5人日
計					30人日

4 コストを見積もる

タスクの規模感は、工数や期間で表現するとわかりやすいです。見積もりの精度を上げるためには、過去のプロジェクトのデータを使用するか、似たようなタスクを経験したメンバーに尋ねるとよいでしょう。

工数で表す

数値で表現できるため、コストに紐付けやすく上位レイヤーとの合意が取りやすいです。人月、ストーリーポイント、かかる日数など、チーム内でも馴染みのある単位でかまいません。工数表の具体的な例として、**表3.5**も参考にしてみてください。

表3.5 工数表の例

<table>
<tr><th>作業</th><th>マイルストーン</th><th>工数</th></tr>
<tr><td rowspan="3">コンポーネント
ライブラリの整備</td><td>差異のある部分の洗い出し</td><td>5人日</td></tr>
<tr><td>整備方針の策定</td><td>15人日</td></tr>
<tr><td>ライブラリの整備（全10画面）</td><td>30人日</td></tr>
<tr><td rowspan="4">デザインガイドラインの
作成</td><td>明文化されていないルールの洗い出し</td><td>10人日</td></tr>
<tr><td>デザインルールの定義</td><td>30人日</td></tr>
<tr><td>スタイルガイドの作成</td><td>30人日</td></tr>
<tr><td>更新フローの構築</td><td>15人日</td></tr>
<tr><td rowspan="3">ワークフローの策定</td><td>ガイドラインの評価方法の策定</td><td>5人日</td></tr>
<tr><td>新規パーツの定義フローの言語化</td><td>15人日</td></tr>
<tr><td>チームへの周知</td><td>0.5人日</td></tr>
</table>

期間で表す

ガントチャートを利用すると、作業の進行が具体的にイメージしやすいですし、そのままプロジェクト推進にも活用できます。**図3.4**や**図3.5**も参考にしてみてください[注3.6]。

図3.4　ガントチャートの例（全体の工程）

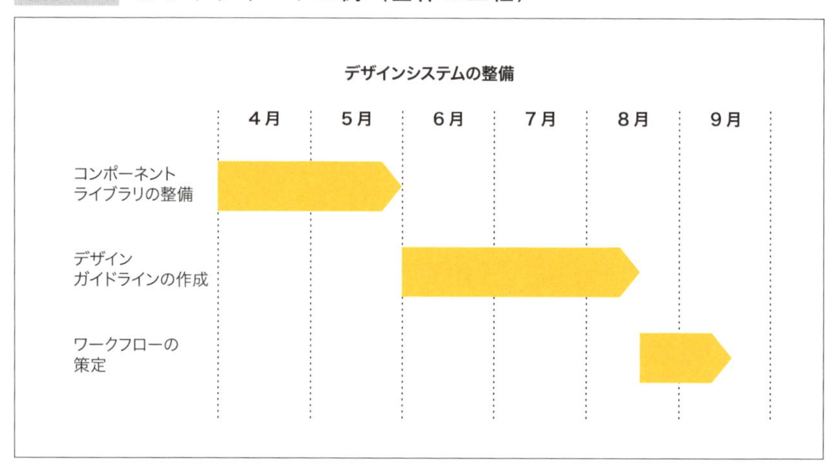

図3.5　ガントチャートの例（コンポーネントライブラリの整備）

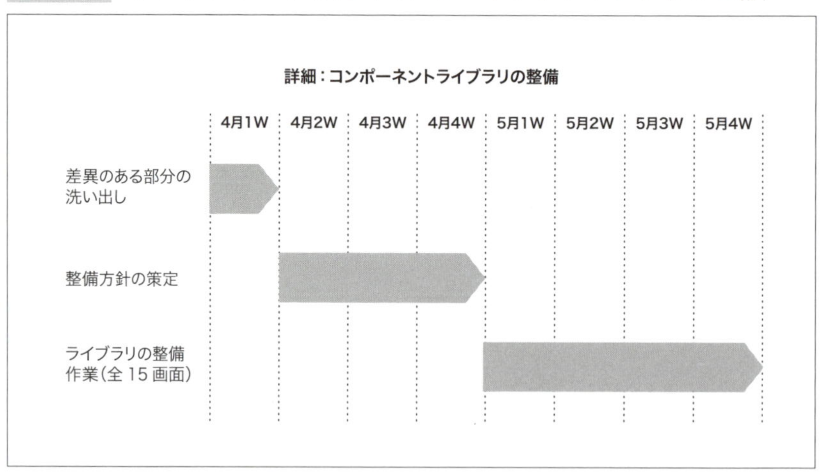

注3.6　参考：日本能率協会マネジメントセンター編『やさしい・かんたん 企画書・提案書』（日本能率協会マネジメントセンター、2023年）p. 91

コストとのバランスを考える

ここまででいったんスコープを定義できました。ここで一歩引いて、コストとのバランスについて検討しておくとよいでしょう。

まず考えたいのは、コストとチームやプロダクトとのバランスです。現状のプロダクトの規模感と解決したい課題に合ったデザインシステムを考えることが大切です。オーバースペックを目指すと、導入が止まってしまう恐れがあります。今は理想の状態まで整備するのが不可能でも、拡張性を持たせたうえで最低限必要な要素からスタートさせ、チームやプロダクトの成長とともにデザインシステムを拡張させていくことも可能です。あるべき姿とのギャップが大きすぎる場合は、スコープを区切って進めていくことも検討しましょう。

もちろん、今あるリソースで作業全体をまかなえるかのバランスも重要です。足りない場合は、リソースを追加することも視野に入れましょう。

早くてコストのかからない選択肢

バランスを考える際に、コストをかけずに済む選択肢を知っておくことは有用です。

たとえば既存のUIデザインキットを活用することで、デザインの一貫性を確保し、開発コストを抑えられるでしょう。また、第1章で紹介したようなすでに成功しているデザインシステムを一部取り入れたり、ベンチマークにすることもひとつの方法です。

スコープからの除外

すべてを解決することが途方もなく感じることがあるかもしれません。その場合は最初につけた優先度をあらためて確認してみてください。将来的にはやりたくとも現状取りかかりにくいものがあれば、スコープ外として明記しておくとより認識合わせがしやすいでしょう。

企画書を仕上げる

ここまできたら、企画書を仕上げていきます。明瞭な文章構成、平易な言葉遣い、ビジュアルや具体例の使用などに留意し、すべての関係者が理解できるようにすれば、合意形成しやすくなるでしょう。

本章の冒頭でも示した企画書の内容を以下に再掲します。

- **デザインシステムを必要とする背景**
  - 現状の説明
  - 課題の特定
  - 課題による影響
  - 解決の必要性
- **デザインシステムを導入する目的**
  - 「一貫性」の観点からの具体的な目的
  - 「業務効率」の観点からの具体的な目的
- **デザインシステムの設計・導入の実施計画**
  - 成果物のイメージ
  - 実施のための体制と担当内容
  - スコープ外とするもの
  - タスク一覧とそれにかかる労力
  - 実施のスケジュール
- **デザインシステムの導入による効果**
  - 想定される定量的な効果
  - 想定される定性的な効果
  - 他所での導入事例とその効果

もちろん、プロジェクトによっては必ずしもこれらの情報をすべて揃えなければならないわけではありません。課題が明確であれば、背景を記載しなくてもすむ場合もあります。あくまでこの企画書を作る目的は「現場の関係者と合意形成をし、デザインシステム導入の協力をあおぐため」ですので、それを達成するためのテクニックの一例と考えてください。

具体的な記載例も以下に紹介しますので、参考にしてみてください。

<table>
<tr><td>背景</td><td colspan="2">現在、私たちのチームは、各々が個別にデザインを作成しています。これにより、同じ機能でも異なるアウトプットになることもしばしばです。たとえば、プロダクト内で使われている同じ機能のボタンについて、現状デザイン違いで3種類あります。これでは、ユーザーの学習コストが上がり、押せるパーツかどうか判断に迷う可能性があります。
決定する　決定する　決定
また、このサービスではボタンという部品が合計◯か所に使われていますが、1つのボタンを開発するのに大体◯分かかるため、単純計算すると◯時間分余計な手間ががかかっています。
同じ機能の開発でも、異なるデザインが存在すると、エンジニアは都度新たなパーツとして実装しなければならなくなります。
この状態のままだと、ユーザビリティが下がって顧客満足度が低下する可能性があるほか、開発期間も長引きます。
解決のためには、デザイナーとエンジニア間で使用できるデザインシステムの導入が効果的です。</td></tr>
<tr><td>目的</td><td colspan="2">・ユーザビリティの向上
・再利用性の強化
・ワークフローの最適化</td></tr>
<tr><td rowspan="3">導入効果</td><td>一貫性</td><td>・一貫性があることで、ユーザーの学習コストが減り、CVRの向上に寄与する</td></tr>
<tr><td>業務効率</td><td>・一貫性がないことで、1案件の対応に検討会議が約◯回発生していたが、1度の会議で済む
・コンポーネントライブラリを活用することで、作業時間が1案件あたり◯人日削減できる
・新規参画者向けの資料にすることで、参画の都度◯時間かかっていた会議時間を減らせる</td></tr>
<tr><td>導入事例</td><td>・デジタル庁デザインシステム
・Inhouse（GMO ペパボ）</td></tr>
<tr><td>実施計画</td><td>成果物</td><td>・コンポーネントライブラリ（Figma）
・デザインガイドライン（Confluence）
・ワークフロー（Confluence）</td></tr>
</table>

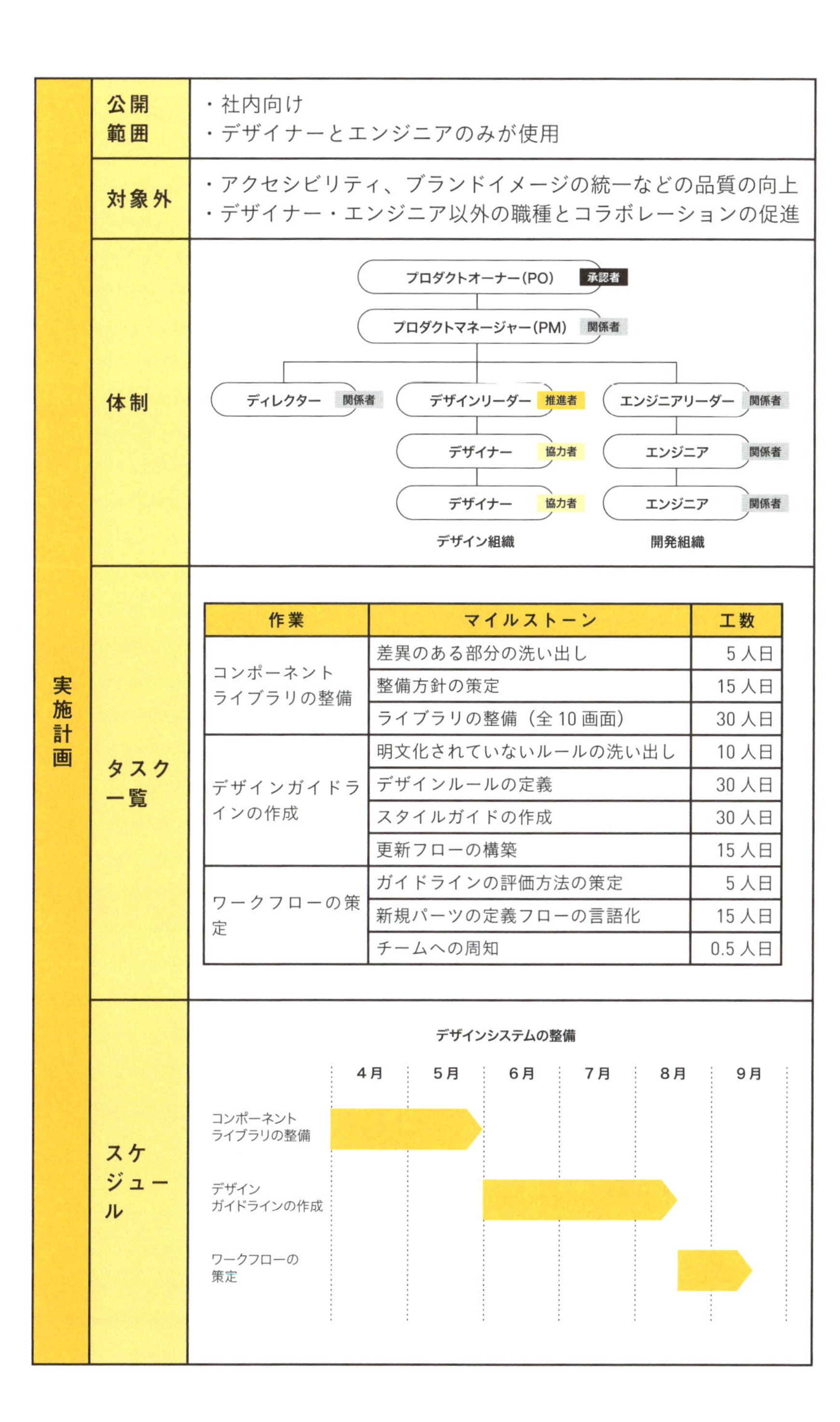

作業	マイルストーン	工数
コンポーネントライブラリの整備	差異のある部分の洗い出し	5人日
	整備方針の策定	15人日
	ライブラリの整備（全10画面）	30人日
デザインガイドラインの作成	明文化されていないルールの洗い出し	10人日
	デザインルールの定義	30人日
	スタイルガイドの作成	30人日
	更新フローの構築	15人日
ワークフローの策定	ガイドラインの評価方法の策定	5人日
	新規パーツの定義フローの言語化	15人日
	チームへの周知	0.5人日

現場での合意を形成する

合意形成のためには円滑なコミュニケーションと明確な計画が重要です。ここまでで作成できた企画書のほか、ミーティングの開催などもそのための具体的な手段となります。

以下では合意形成のための方法を紹介しますが、あくまで一例であり、同じ方法で実施する必要はありません。重要なのは、あなたの現場における必要な情報が網羅されていて、ステークホルダーとオープンで透明性のあるコミュニケーションを保つことです。

ミーティングによる合意形成

企画書が完成したら、それを共有し、すべての関係者をミーティングに招待します。このミーティングでは以下のことを行います。

1. **プレゼンテーション**：企画書をもとに、プロジェクトの目的、具体的な効果、実施計画などを説明する
2. **フィードバックの収集・修正**：参加者からの質問や提案を歓迎し、フィードバックを元に企画書をブラッシュアップする
3. **合意形成**：すべての関係者がプロジェクトの目的と実施計画に同意し、それをサポートすることを確認する

このプロセスは一度きりのものではありません。すべての関係者が一度で同意することはしばしば困難です。それゆえ、何度もミーティングを重ね、さまざまな意見を聞きながら、プロジェクトの詳細を徐々に詰めていくことが重要です。

フィードバックの内容によっては、企画書の「目的」の部分や「実施計画」をブラッシュアップする必要が出てくるかもしれません。意見を柔軟に取り入れ、計画や企画書を積極的に最適化していきましょう。

これらのステップを通じて、関係者全員がプロジェクトを理解し、賛同し、

一緒に働く意欲を持てるようになります。ここでの重要なポイントは、明確で開かれたコミュニケーションとすべての意見を尊重することです。

そのほかの合意形成の手法

合意形成の手法は単純なミーティングだけではありません。以下のようにさまざまなチャンネルで意図を伝えたりフィードバックを得たりしていくとよいでしょう。

- **一対一のコミュニケーション**
  特定の関係者の意見や懸念を深く理解し、個別に対応できる
- **ワークショップやブレインストーミングのセッション**
  関係者がアイデアを出し合い、共有し、議論することで、新たな視点や理解を得られる
- **アップデートの定期的な共有**
  プロジェクトの進行に合わせて定期的に進捗状況を共有することで、早期にフィードバックを得られる
- **ユーザーインタビュー**
  ユーザビリティの向上が目的に含まれている場合は、プロトタイプを作成し、ユーザーインタビューを実施することが有効

なかでも一対一のコミュニケーションは非効率に思えるかもしれませんが、早期に問題を特定し解決に向けて動くことができるため貴重な時間となります。これにより、大人数で行うミーティングがより効果的になります。

合意形成までのハードル

先述したとおり、合意形成には困難がつきまとうこともしばしばです。ありがちなハードルとそれを乗り越えるためのアイデアをここで紹介します。

デザインシステムへの理解

承認者や関係者にデザインシステムの恩恵が伝えきれていないことで、必要性を納得してもらえないケースもあります。

たとえばプロダクトオーナーから「今のままでも十分なのでは？」と言われる場合があるかもしれません。まずは丁寧にデザインシステムのもたらす効果や、エンジニアやほかの職種に与える影響について説明してみましょう。今ある現場課題と紐づけて解説できると、より導入後のイメージが湧き、理解が得やすくなるでしょう。

デザインシステムを導入する決め手が欠けている

デザインシステムのメリットが一定伝わっても、どのくらいコストがかかるのか漠然としていて導入するふんぎりがつかないときもあります。

たとえば「デザインシステムを運用することで逆に負担が増えることになるのではないか？」と言われた場合は、効率化できる業務量を具体的な数値にしてみましょう。可視化されることで業務にかかるコスト削減の効果がわかりやすくなり、承認を得やすくなります。

エンジニアが忙しそうで協力を求めにくい

エンジニアチームが忙しく、環境整備に十分な時間を割けない現場も多くあるでしょう。

たとえば「今持っているタスクで手いっぱいになりそうだ」とエンジニア側の工数に余裕がないこともあります。そういった場合は、最初はデザイナーチームだけで導入を進め、フローが整ったらエンジニアと協力する進め方を提案してみましょう。

その際、できるだけデザイナー側で開発連携までのスケジュールを具体化して伝えるのがおすすめです。なぜなら、連携が始まるまでにエンジニア側でもタスク量の調整をしたり、運用を見据えて環境を整備したりと、デザインシステムを受け入れるための下準備ができるからです。

また、デザインシステムに興味のあるエンジニアを探して巻き込むと一緒に状況を打開してくれるかもしれません。開発現場でも同じ課題感を持っている場合は、共感を得やすいため導入スピードも早まります。

デザイナーチーム内での意思決定スピードが遅い

チーム内でそれぞれのパワーバランスが対等すぎると、議論に時間がかかってしまい、進展が遅くなることがあります。推進担当を指名して責任範囲を明確にすることで、意思決定の速度を向上させましょう。

担当を決めた後は、定期的にチームで話し合う場を設けることで推進しやすくなります。

日々の業務に追われ合意形成に至るのが大変

デザイナーチーム内で、UI パーツの整理など少しずつ環境整備をする意識で進めてみましょう。1日に固定の環境整備タイムを設けるとぐっと進めやすくなります。

もし現時点で大きなデザインシステムがなくても一通りのデザインワークが可能であれば、組織が拡大した後で理想のデザインシステムを築くことも選択肢のひとつです。

推進者のモチベーションが維持できない

推進者にはしばしば熱意を保つことが難しい瞬間がやってきます。目の前にあるタスクをこなしながら、システム構築を進めることは骨が折れる作業でしょう。そんなときは、他社の成功事例を見て良い未来を想像してみることが大切です。

以下に処方箋となるような参考事例や参考資料を見つける方法を紹介します。

① コーポレートサイトで記事を読む

デザインシステムを公開している企業が、その構築プロセスを公式ブログに掲載していることがあります。現場が直面した課題と打ち手に関する情報がたくさんあります。また、企業の視点から見た成功や失敗の話も学びがあるでしょう。

② メディアプラットフォームで記事を読む

現場のデザイナーやデザインチームが、note や Cocoda などのプラットフォームに自分たちのデザインシステムについての記事を投稿していることがあります。企業の公式な発信よりもカジュアルな文体で書かれていることも多く、生の現場の声を想像するのに役立ちます。

③ 書籍を読む

書籍はトピックを体系的に解説するため、デザインシステムについての包括的な知識を得られます。章立てや目次を通じて情報を整理しやすく、自分のペースで取り入れられます。また、書籍は一度手に入れれば長期間にわたって参照できるのも利点です。日本語書籍は現状はまだ少ないことに留意してください。

④ ポッドキャストを聴く

デザイン関連のポッドキャストは、業界のトレンドや成功事例、専門家のインタビューなど、多岐にわたる情報を提供しています。実際の声や体験を通じてデザインシステムに関する洞察を得られます。音声メディアは、ながら聞きができるのも利点です。

5 ソーシャルメディアをフォローする

デザイン関連の専門家やコミュニティは、X（旧 Twitter）などのソーシャルメディアで活発に活動しています。企業の公式アカウントやエキスパートをフォローしてみることもおすすめです。個人名義で発信しているアカウントも多いため、共感するトピックも多いでしょう。

6 デザインカンファレンスやイベントに参加する

デザインについてのカンファレンスやイベントは、情報を集める絶好の機会です。業界のトップデザイナーや専門家のプレゼンテーションを聴くことで、最新のトレンドやベストプラクティスを知ることができます。

7 社内ヒアリングを行う

他部署や関連部門のメンバーに直接話を聞くことにも大きな価値があります。もしデザインシステムに興味を持っている人物がいるなら、相談するとよいでしょう。同業種のデザイナーはもちろん、他職種にヒアリングするのもおすすめです。例えばエンジニアに相談すると、共感してくれる場合も多く体験談を話してくれることがあります。社内での実践事例や問題点を収集し、モチベーションを高めていきましょう。

第4章 デザインシステムの設計

さあ、いよいよデザインシステムを具体的に設計していきましょう。

本章は「おおよそのデザインコンセプトは定義されているけれど、スタイルガイドのような明確なルールがない現場で、これから整備を始めたい」という方に向けた内容です。後半では、もう一段階成長したプロダクトになるために、「ユーザーの行動に関わる部分の設計」「ブランドイメージに関わる部分の設計」について説明します。

現状を把握する

まずは、画面上で使用している UI パーツを一箇所に集めることから始めます。一覧化することで今後の作業が進めやすくなりますし、思いがけない課題が見つかることもあります。

一覧化する際は、**図 4.1** のようにボタンや入力フォームなど UI パーツごとに集めるとよいでしょう。一画面ずつ確認しながら、画面を構成するパーツをカテゴリごとに分類していきます。集めるツールとしては、Figma や Adobe XD、Sketch など普段から使用しているデザインツールがよいでしょう。その後の作業への移行がスムーズになります。

図4.1　ボタンを一覧化した例

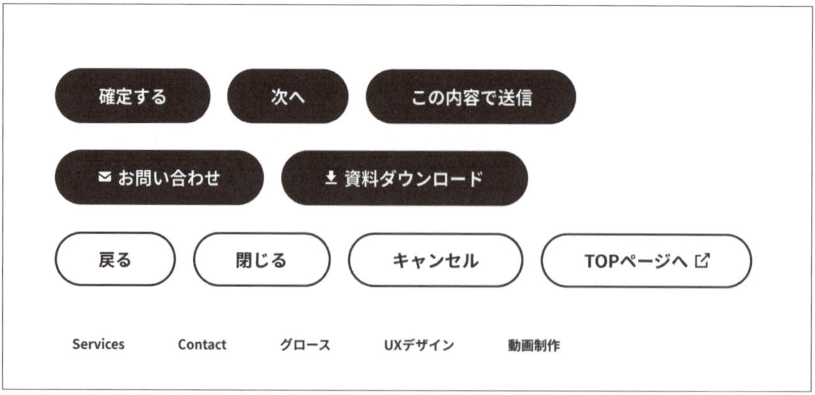

デザインシステムの方針を検討する

続いて、どのような方針でデザインシステムを設計していくのかをすり合わせます。サービスの成熟度やビジネスの目指すべき姿によって取り組む方針が異なります。ここでは、2つの方針を紹介します。あくまで一例であって、これが正解ではありません。

一つ目は、「最小限のコストでデザインシステムの設計を始める」という方針です。たとえば、この後で説明するデザイントークンや、コンポーネントの一覧化から始めるなど、構築コストが低く実作業ですぐに役立つものから着手します。そうすることで、形骸化するリスクが比較的低くなるといえるでしょう。

二つ目は、「ユーザー体験の設計やブランドイメージの設計から見つめ直し、あるべき姿を整理する」という方針です。ただし、リソースを割けない状態でこの方法から着手するのはリスクがあります。根幹から定義し直すことで、想定外の大規模な改修が必要になる可能性があるからです。一方で、ユーザー行動に関わる体験設計やブランドイメージに関しての課題が以前よりあがっていたのであれば、向き合うべきタイミングかもしれません。詳細は、「ユーザーの行動に関わる部分の設計」で説明します。

デザインシステムのどこから始める？

方針を決めたところで、具体的な作業に落とし込んで考えていきます。ここでは「最小限のコストで始める方法」に沿って話を進めていくので、構築コストが低く、実作業ですぐに役立つ「スタイルガイド」の作成から着手しましょう。

なお、ここでいう「スタイルガイド」とは、デザインを構成する色、タイポグラフィ、アイコン、サイズ、グリッドといった基本的なデザイン要素を整理・管理するためにまとめたものを指します。デザインシステムによっては「foundation」と呼んだり、「デザイントークン」と呼んでいることもあります。

ところで、「デザイントークン」という言葉をはじめて耳にした方もいるでしょう。

デザイントークンとは、デザインシステムに含まれる色やタイポグラフィ、余白などの要素に名前をつけることで、デザイナーとエンジニア間での共通言語にしたものです。Salesforce が提唱し、W3C Community Group では仕様ドラフトを策定中です[注4.1]。

環境によってデザイントークンを実装に紐づける場合もそうでない場合もあると思いますが、それぞれのプラットフォーム開発で利用できるよう、iOS や Android、スマートフォンやデスクトップなど、すべての環境を考慮して定義するのが望ましいです。

以下はデザイントークンとして定義する項目の例です。

- **色**
- **タイポグラフィ**
- **余白**
- **レイアウト**
- **エレベーション**
- **画像比率**
- **角の形状**

注 4.1　https://tr.designtokens.org/format/

デザイントークンを定義する

デザイントークンはname（名）とvalue（値）のペアで表現します。「color-text-primary: #000000;」や「font-size-heading-level-1: 44px;」のように、値にカラーコードやpx値をとることもあれば、エイリアス（別名）をとることもできます。

エイリアスとは、**図4.2**のようにカラーに「yellow-500」という名前をつけたり、border-radius:8pxという値に「radius-m」という名前をつけることです。yellow-500の数字の部分は色の強さに対応し、radius-mの「m」は「medium」、つまりそのプロダクトにおいて中程度の大きさを示します。エイリアスを使うことで、文脈ごとに使うカラーを定義する際に色の話がしやすくなったり、エンジニアとデザイナーの間で共通認識として会話がしやすくなります。

図4.2 デザイントークンのエイリアス

#E3E143	:	yellow-500
border-radius 8px	:	radius-m

なにをデザイントークンとして定義する？

では、あなたのプロダクトのデザインシステムにおいて、なにをデザイントークンとして定義すべきか考えてみましょう。

ひとつの基準としては、そのスタイルが「部分的に使用されているものではなく、複数のUIコンポーネントやページにまたがって使用されているかどうか」という観点です。たとえば、とあるプロダクトのひとつのランディングページで使用されているスタイルをデザイントークンとして定義しても、プロダクト共通で使用されるスタイルよりも使い回す機会が少ないでしょう。

画面上で使用されているUIパーツを洗い出し、次に共通の最小単位がなにかリストアップしてみましょう。微妙に異なる数値やカラーが大量に出てきた場合は、特定のカラーや数字に絞る方針でまとめていくこともあります。第１章で紹介した「公開されているさまざまなデザインシステム」を参考にするのもよいでしょう。

デザイントークンの値を定義する

デザイントークンには、大きく分けて「プリミティブトークン」と「セマンティックトークン」の２種類があります。

プリミティブトークン

プリミティブトークンとは、カラーコードやテキストスタイル、余白、角丸のサイズなど、具体的な値に識別可能な名前をつけたものです。

たとえば、プロダクトで使用するブランドカラーの黄色（#E3E143）で10段階のカラースキームを作ります。そのうえで、明度が高い方から相対的に50・100・200…とエイリアス（別名）を定義します（**図4.3**）。この命

図4.3　カラーのプリミティブトークン

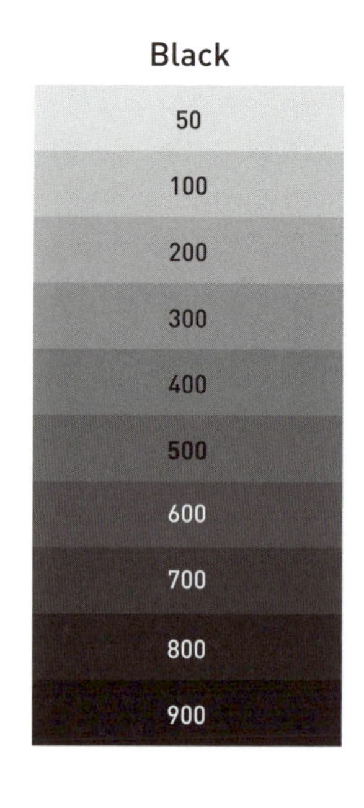

名はマテリアルデザインを参考にしています[注4.2]。

ほかにも、よく使う余白を4、8、16、32……と、管理しやすい4や8の倍数などで定義し、それらを「spacing-xxs」「spacing-xs」「spacing-s」……と命名することもよくあります（**図4.4**）。

図4.4　余白のプリミティブトークン

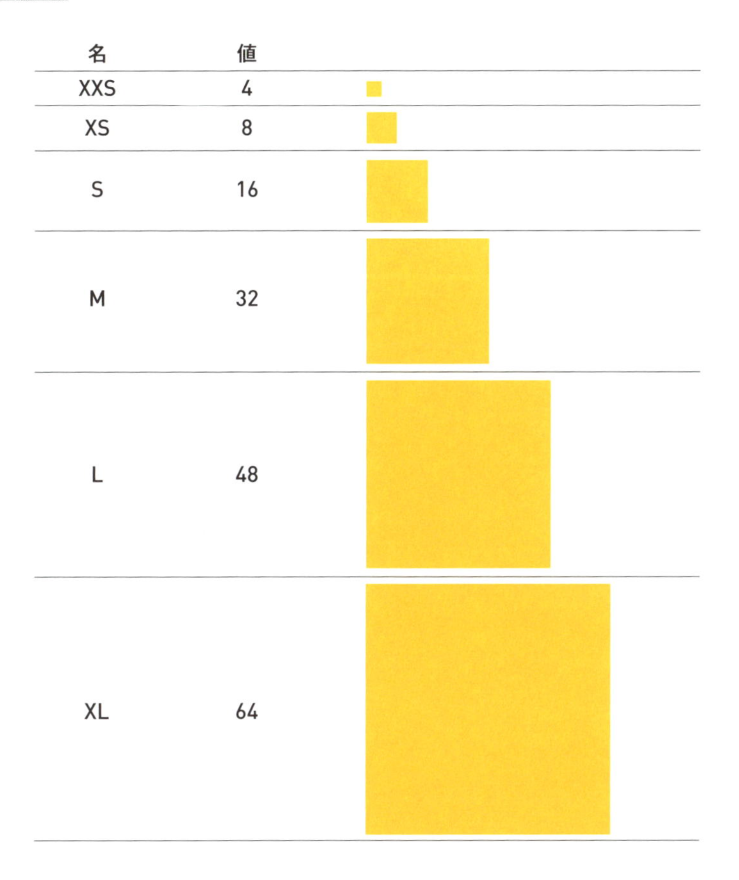

名	値
XXS	4
XS	8
S	16
M	32
L	48
XL	64

このように、特定の文脈によらずいつでも使うことができる値がプリミティブトークンといえます。

注4.2　https://m2.material.io/design/color/the-color-system.html#color-usage-and-palettes

セマンティックトークン

セマンティックトークンとは、特定の意味を持たせて定義するデザイントークンを指します。たとえば、プライマリーボタン用の「Button-Primary」やお気に入りの星アイコン用の「Accent-yellow」に「yellow-500」を割り当てるなど、使用用途にスタイルを関連付けたものです（**図4.5**）。特定の文脈によらずいつでも使うことができるプリミティブトークンと違い、セマンティックトークンは原則として定義した用途でのみ使用します。

図4.5　セマンティックトークン

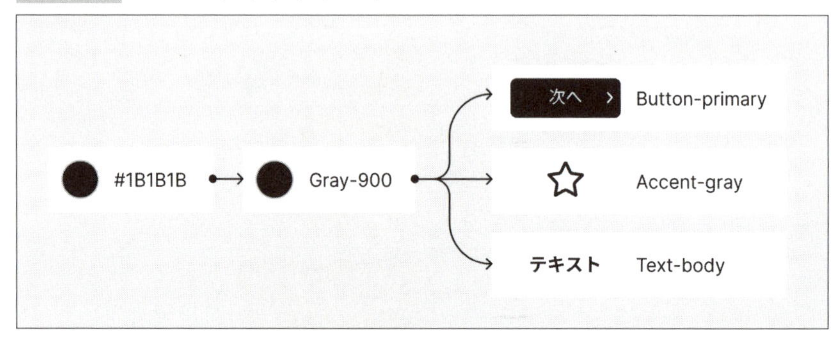

セマンティックトークンは同じ値を指定できるため、画面で使用する主要な文字、ボタン、線の色などを定義しておきましょう。そうすることで、デザイナーはそれぞれのUIにどのカラーを指定すべきかを即座に判断でき、エンジニアが実装する際はデザインを見て瞬時にどの色を使用すべきか判断しやすくなります。命名はエンジニアとも相談して、相互に認識しやすいようにするとよいでしょう。

一方で、必ずしもセマンティックトークンを指定する必要はありません。たとえば、カセットのコンポーネントで使用されている16pxの余白をカセット専用の余白「S」として定義した場合、フォームなどほかの箇所で使い回すことはできません。このように、使用範囲を制限したくない値は、セマンティックトークンを定義しないのが一般的です。

スタイルガイドを整理する

デザイントークンを定義した後は、スタイルガイドを整理しましょう。第1章「デザインシステムの構成要素」でも触れたとおり、色やタイポグラフィ、余白などのデザイン要素に関するルールをまとめたガイドラインです（**図4.6**）。前述したデザイントークンを整理し、プロジェクトに関わるメンバーに説明したり、UIコンポーネントをスタイリングする際に使用します。

図4.6　スタイルガイド

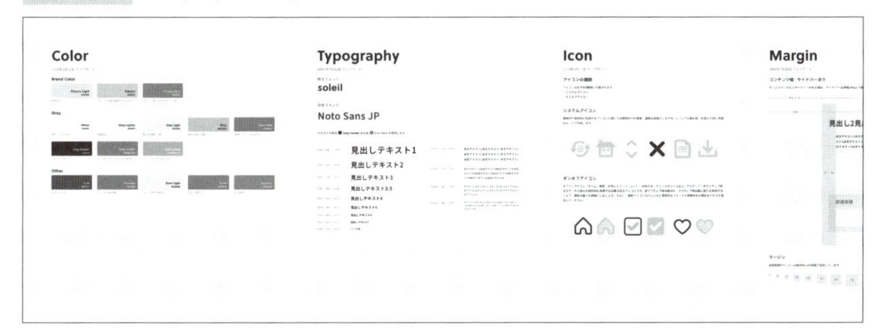

スタイルガイドに含めるべき要素は、チームの方針やプロダクトの規模によって異なるため、厳密なルールはありません。

スタイルガイドを作るうえで重要なことは、それぞれの要素をどのような見た目や数値にするかをチームで話し合って決めることです。場合によってはデザイナーで会議を設けたり、たたき台を作ってチーム全体で議論をしてもよいでしょう。

以降ではデザイントークンをまとめてガイドラインにする方法を紹介します。プロダクトが発展フェーズである場合は、以下の必要最低限の要素から用意し、業務を進めながら適宜項目を追加していくことをおすすめします。

カラー

色はプロダクトのブランディングに影響を及ぼし、ユーザーの感情に働きかける重要な要素です。コンポーネントなどを定義する前に使用する色をカラーパレットとして定義し整理しておくことで、以降の工程もスムーズに進行できます（**図 4.7**）。また、一度決めたら確定ではなく、プロダクトの成長や変化に合わせて調整していくとよいでしょう。

図4.7 カラーパレット

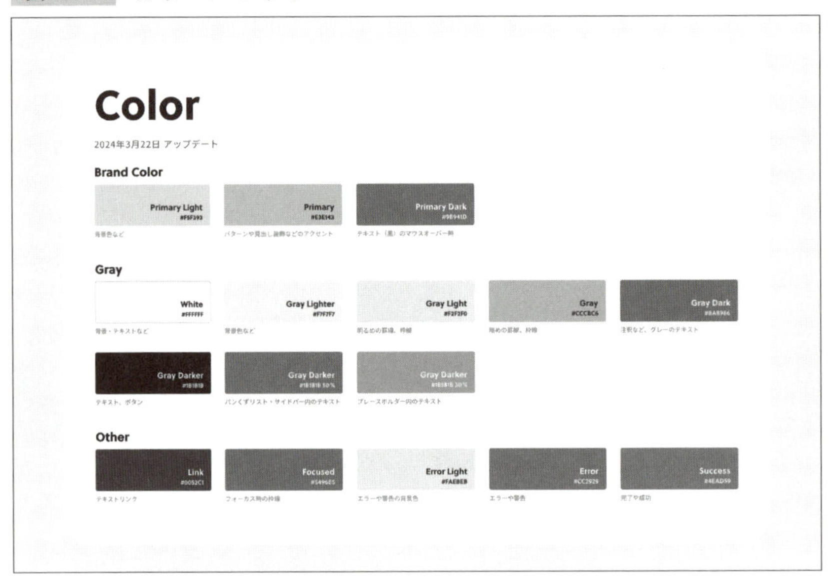

なお、WCAG では文字と背景色のコントラスト比を 4.5:1 以上を担保するよう推奨しているため[注4.3]、アクセシビリティ基準を満たしているか確認しながら進めるのがよさそうです。プロダクトの規模が小さい場合は 1 色ずつ評価しながらまとめるなど、自分たちに合った方法を採用してカラーパレットを作成してみましょう。

注 4.3　https://waic.jp/translations/WCAG22/#contrast-minimum

以下では、足がかりとして最初に決めておきたい色を紹介します。なお、ここで紹介するのはあくまで一般的に使われている命名規則です。「プライマリーカラー」や「セカンダリーカラー」は多くの組織で採用されているため覚えておきたいですが、すでにあなたの組織で別の名称を付けている場合は、そちらを採用しても問題ありません。

プライマリーカラー

もっとも主要な要素に使われ、プロダクトのトーン＆マナーを確立します。プライマリーカラーが以降のカラー選定の基準になるため、まずはここから定義してみましょう。

図4.8は、マテリアルデザインを参考にそれぞれの明るい色を50、暗い色を900と定義し、ほかの色と調和が取りやすいように500を基準に選定している例です。

図4.8　プライマリーカラーの定義

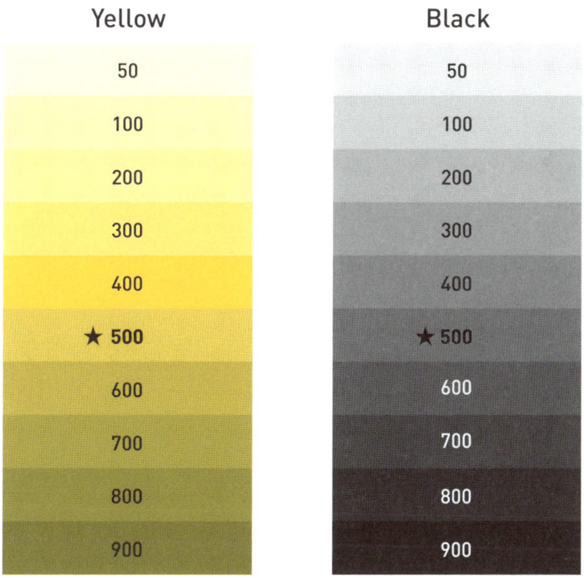

Yellow	Black
50	50
100	100
200	200
300	300
400	400
★ 500	★ 500
600	600
700	700
800	800
900	900

セカンダリーカラー

副次的な色として定義します。プライマリーカラーとセカンダリーカラーを対比させることで、プライマリーカラーを引き立たせる使い方などができます。

一般的にはプライマリーカラーと同じ色相で高明度、または低明度の色を選択することが多いです。

ターシャリーカラー

プライマリーカラー、センカンダリーカラーだけでは表現できない場合に用いることで、デザインの柔軟性を高めます。

トーンはセカンダリーカラー同様、プライマリーカラーと同じ色相で高明度、または低明度の色を定義することが多いです。

バックグラウンドカラー

スクリーンのバックグラウンドに使われる色を定義します。基本的に白や黒、グレーなどの無彩色を使うことで、全体のバランスが取りやすく、テキストの可読性やパーツの視認性を保ちやすくなります。

以上は、いずれもカラーパレットに入れておきたい特に大事な色です。ほかにも成功やエラーのような特定の意味を伝える「サクセスカラー」や、テキストやボーダーなどに使用する無彩色のカラーである「ニュートラルカラー」など、プロダクトの規模とデザイン要素の数によって定義する色は増えていきます。

タイポグラフィ

プロダクトで使用するフォントの書体やサイズを定義します。

書体は可読性や視認性などの読みやすさの観点と、異なるブラウザやOSで対応しているかの互換性の観点を考慮して定義してください。

書体を選ぶ際には、和文フォントと欧文フォントを定義するところから始めてみましょう。ここでは一般的に広く使われており、OSに最初から組み込まれているシステムフォントを中心に紹介しますので、参考にしてみてください。

和文フォント

Hiragino

macOSやiOSに標準搭載されているシステムフォントです。

ひとつひとつの要素がゆったりとデザインされており、少ない画角の単純な文字や、多くの画数をもつ複雑な漢字でも、読みやすさと美しさのバランスがとれているクセのないフォントのため、多くの組織で採用されています。また、フォントの太さがW0～W9とバリエーションに富んでいるため、見出しや本文、注釈など幅広いテキストに適用できます。

Noto／源ノ角ゴシック

GoogleとAdobeが共同開発したフリーフォントです。こちらもクセがなく、可読性に優れたフォントといえるでしょう。

また、800言語11万字に対応しているため[注4.4]、組織の方針として多言語をサポートする場合は有用なフォントです。

注4.4　https://developers-jp.googleblog.com/2016/10/an-open-source-font-system-for-everyone.html

欧文フォント

San Francisco

「Hiragino」同様、macOS や iOS に標準搭載されているシステムフォントのひとつです。Apple 製品に使用されているフォントであるため、見慣れている人も多いのではないでしょうか。

イタリックを含む 9 つのウェイトが用意されており、利便性に優れています。

Roboto

Google のデザイナーである Christian Robertson が制作した欧文フォントで、可読性に優れています[注4.5]。

Android や ChromeOS のシステムフォントとして採用されており、Material Design で利用が推奨されています[注4.6]。

フォントサイズのまとめ方

書体を選んだ後は、見出しや本文のフォントサイズを定義しましょう。必要に応じて太字やイタリックを追加してください。各サイズと適用するデバイスを明記しておくとメンバーに方針を共有できます（**図 4.9**）。

注 4.5　https://developers-jp.googleblog.com/2015/07/roboto-google.html

注 4.6　https://m3.material.io/styles/typography/overview

図4.9　フォントサイズの定義

また、フォントサイズに加えて以下の項目を決めておきましょう。

- line-height：行の高さ
- font-weight：フォントの太さ
- letter-spacing：文字と文字の間隔

アイコン

UIにおけるアイコンは、オブジェクトやアクションなどを視覚的に伝えるための記号や絵柄であり、デザインに欠かせない要素です（**図4.10**）。ユーザーの理解を助けることを目的にしているため、伝わりづらいモチーフやさまざまな解釈ができる表現は選ばないよう注意しましょう。

図4.10　アイコンの定義

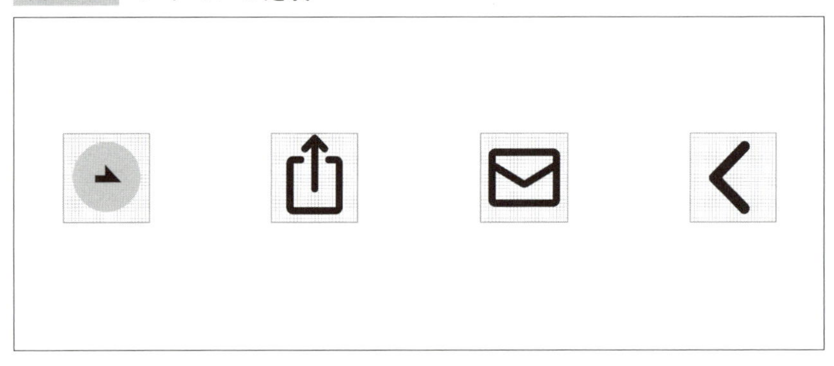

アイコンの作り方

アイコンを一から作るには、以下のようなステップを踏むとよいでしょう。

1. **モチーフを選定する**
2. **ラフを作成する**
3. **モチーフを決定する**
4. **決定したモチーフをブラッシュアップする**
5. **最終調整したものをメンバーに共有する**

なお、作り始める前に、プロダクトの世界観やブランドイメージをもとに、サイズや線の太さ、角の丸みを決めておくとスムーズに進められます。

①モチーフを選定する

作りたい対象物の画像やフリーアイコンなど、参考になりそうなものを集めます。

具体的なイメージが湧かない場合は、手書きでラフを描いてみてもよいでしょう。対象物のモチーフを複数用意しておくと、③のモチーフ決定のためにメンバーと議論する際に役立ちます。

②ラフを作成する

選定したモチーフをベースにラフを作成します。

ラフ段階で「キーライン」を意識しておくと、既存のアイコンとサイズが揃いやすくなります。キーラインとは、アイコンの形のベースとなる「基本的な図形や対角線などのガイド線」のことです。Material Design にテンプレートが掲載されているため[注4.7]、そちらを参考に調整してみましょう（**図4.11**）。

図4.11　Material Designのキーライン

注 4.7　https://m3.material.io/styles/icons/designing-icons

③モチーフを決定する

ラフを作成した後は、それをもとにチームで議論してモチーフを決定しましょう。プロダクト全体で一貫した印象を保てるように、ディレクターやほかのデザイナーにラフを確認してもらい、合意を得ることが重要です。

このときにラフを複数案用意しておくとレビュアーが取捨選択しやすくなるため、議論が円滑に進められるでしょう。

④決定したモチーフをブラッシュアップする

モチーフが決まったら、ラフ段階のアイコンをグリッドに合わせて整えていきます（**図 4.12**）。

図4.12　アイコンのブラッシュアップ

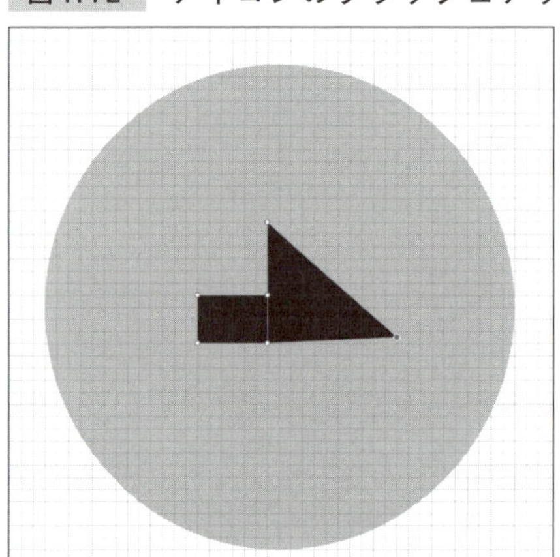

グリッドに合わせることでアイコンの高さや丸み、余白に統一感が生まれます。これも Material Design を参考にしてみるとよいでしょう（**図 4.13**）。

図4.13 Material Designでの正方形と角丸のガイドライン

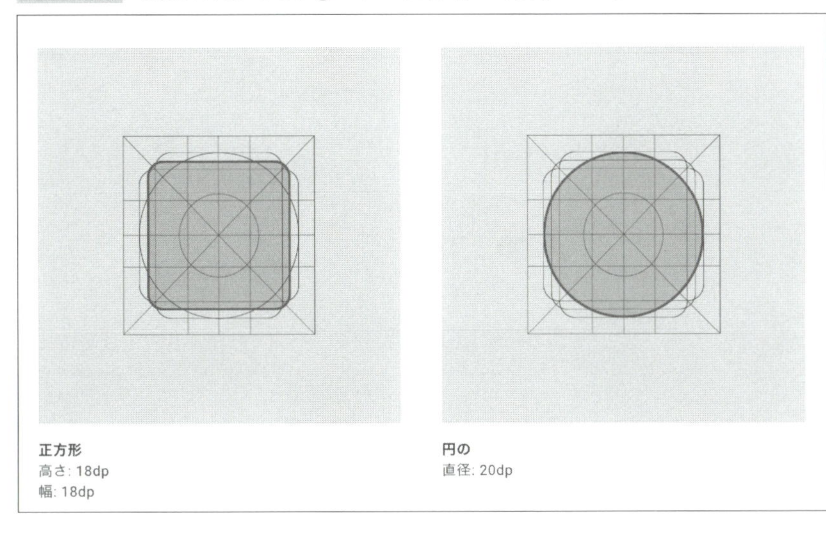

⑤最終調整したものをメンバーに共有する

アイコンの最終調整が完了したら、あらためてメンバーに共有しましょう。問題がなければスタイルガイドに追加し、コンポーネント化しておくとよいでしょう。コンポーネント化する方法については後述します。

アイコンライブラリの活用

先述のようにアイコンを一から作るのは、プロダクトの世界観を表現したい場合には有効ですが、時間や手間がかかります。

チームとしてそこまでコストをかけられない場合は、アイコンライブラリを使うことでコストをかけずにアイコンを揃えることができます。以下では、無料で使えるおすすめのアイコンライブラリとそれらの特徴を紹介します。

Font Awesome

Font Awesomeでは、Freeプランに1,700以上、Proプランに13,000以上のアイコンが公開されています[注4.8]。

注4.8 https://fontawesome.com/plans

Material Symbols

Material Symbols[注4.9]はGoogleが提供しているアイコンフォントのひとつです（図4-14）。

図4.14　Material Symbols

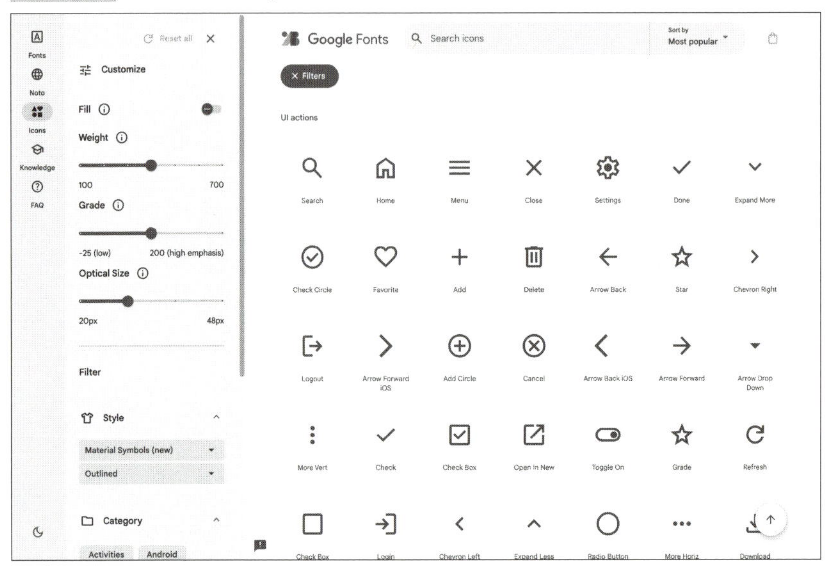

「Outlined（輪郭）」「Rounded（角丸）」「Sharp（シャープ）」の3つのスタイルが用意されているほか、以下のように線の太さや塗りの有無など、細かい調整も可能です。

- **fill**：塗りつぶしの有無
- **weight**：線の太さ
- **grade**：ダークモードとライトモードで同じ印象を与えるための調整
- **optical size**：サイズの拡大に合わせた線の太さの調整

アイコンのまとめ方

それぞれのプロダクトやアプリケーションの文脈において、各アイコン

注4.9　https://fonts.google.com/icons

が持つ意味や使用例をまとめておくと、メンバーと共通の認識を持つことができます（**図 4.15**）。また、サイズ展開や縦横比についてもルールを明確にしておくと、デザインに統一感が生まれ、品質向上につながります。

図4.15　アイコンの定義

Icon

2024年3月22日 アップデート

アイコンの種類

アイコンは以下の2種類に分類されます。
・システムアイコン
・オンオフアイコン

システムアイコン

領域内で限定的に利用するアイコンに関しては領域内での管理・運用を前提としますが、ビジュアル面の統一を図るために共通のルールで作成します。

オンオフアイコン

タブバーアイコン（ホーム、検索、お気に入り、メニュー）、お知らせ、チェックボックスなど、アクティブ・非アクティブ時のステータス変化を明示的に表現する必要のあるアイコンです。非アクティブ時は線のみ・アクティブ時は線と塗りを併用することで、意味の違いを明確にしましょう。ただし、通知アイコンのバッジなど慣例的なステータス表現がある場合はそちらを優先してください。

公開されているスタイルガイドも参考にして、あなたのプロダクトに合ったまとめ方を取り入れてみましょう。

余白

余白は、情報のグループ化や可読性の向上に欠かせない要素です。

多くの組織では、余白を8の倍数で設計するルールを採用しています。8の倍数で設計することには以下のメリットがありますが、すべてのプロダクトで採用されているわけではありません。あなたのプロダクトがメリットを享受できそうであれば取り入れてください。

- **要素のサイズや余白に規則性が生まれ、統一感が出せる**
- **多くのデバイスの解像度が8の倍数で設計されているため、さまざまなスクリーンサイズに合わせやすい**
- **端数が発生しにくく、コンテンツのレイアウトや余白の秩序が維持しやすくなるためデザイン・コーディングの作業効率が高まる**

画面内の情報量が多いプロダクトでは、8の倍数のみで設計することが困難な場合もあるでしょう。その際は、4pxや12pxなど4の倍数の追加も検討してください。

これらを踏まえて、コンテンツエリアや見出しと本文の間の余白を定義していきましょう（**図4.16**）。一般的な設計方法は、画面の外側から内側に向かうにつれて、数値を小さくしていくことです。

図4.16 余白の定義

Margin
2024年3月22日 アップデート
コンテンツ幅 - サイドバーあり
サービスページなどサイドバーがある場合、サイドバーは横幅308pxで固定です。
サイドバー
メインコンテンツ
308
100% - 308px
見出し2見出し2
本文テキスト1本文テキスト1本文テキスト1本文テキスト1本文テキスト1本文テキスト1本文テキスト1本文テキスト1本文テキスト1本文テキスト1本文テキスト1本文テキスト1本文テキスト1本文テキスト1本文テキスト1
40 40
40 40
関連実績
マージン
各要素間のマージンは基本的に8の倍数で設定しています。
16 24 32 40 48 56 64 72 80

コンポーネントライブラリの設計

スタイルガイドを作成した後は、コンポーネントライブラリを作りましょう。コンポーネントライブラリとは、ボタンやテキストボックスなど、Webサイトやアプリケーションを構成するコンポーネントを集めたコレクションです（**図4.17**）。

図4.17　コンポーネントライブラリ

ところで、なぜデザイントークンの次にコンポーネントライブラリの設計に取り組むのでしょうか。デザイントークンは「複数のUIコンポーネントやページにまたがって使用されている最小単位」で、コンポーネントはそれらを組み合わせて構成されています。そのため、変更がある場合、コンポーネントにも最新のデザイントークンが反映されていく仕組みとなり、デザインシステムの更新を効率的に進められるからです。

デザインツールを用いたコンポーネントライブラリの設計方法は、第5章「デザインシステムの導入」で具体的に説明します。ここでは、コンポーネントライブラリの設計に取り掛かる前に覚えておきたいことや、設計の手法を紹介します。

コンポーネントライブラリを整理する前に

コンポーネントライブラリに持たせる役割はさまざまですが、一般的には、プロダクトに使われるコンポーネントの一元管理が目的です。Storybookのようなコンポーネントを一覧化することに特化したツールを活用し、UI要素のビジュアルと、それらを実装するためのコードをセットで用意することで、デザイナーとエンジニア双方の作業の効率化を実現します。

最初から完璧に作ろうとする必要はなく、プロダクトの成長とともにコンポーネントライブラリも追加や改善を重ねていくものであることを念頭に置いて設計してください。

UIパーツはユーザーの状況やアクションなど、ステータスによって同じ部品でも複数のデザインがあるため、1箇所にまとめておくことが重要です。以下に一般的なUI要素であるボタンのステータスと強弱について説明します。

ステータス

UIパーツの状態としては、一般的に以下のようなものが挙げられるでしょう。

- **Default**：操作が行われていない状態
- **Hover**：マウスなどのポインティングデバイスがボタンの上に置かれた状態
- **Focus**：UI要素が選択された状態
- **Disabled**：操作できないことを表す状態

必要に応じて、これらのそれぞれに対するデザインを検討する必要があります（**図4.18**）。

図4.18　ステータスごとのデザイン

強弱（コントラスト）

ステータスに加えて、この段階でUI要素の強弱を分類して整理しておきましょう。

適切に情報設計された画面であれば、ユーザーはなにを見てどう行動すべきかを迷わずに決められます。現状のUI要素で優先順位が適切に表現されていなければ、新たに必要なUIパターンを作成してコンポーネントライブラリに追加しましょう（**図4.19**）。

図4.19　UI要素の強弱

コンポーネント整理に役立つ Atomic Design

Atomic Design[注4.10]とは、Web デザイナーの Brad Frost 氏によって提唱された、UI コンポーネントを 5 つに分類して組み合わせていく手法です[注4.11]。

- **レベル 1**：原子（Atoms）：UI の最小単位
- **レベル 2**：分子（Molecules）：意味を持つ要素
- **レベル 3**：生体（Organisms）：単体で機能する要素
- **レベル 4**：テンプレート（Templates）：分子や生体をレイアウトにしたもの
- **レベル 5**：ページ（Pages）：テンプレートに実際のコンテンツを流したもの

図4.20　Atomic Design の例

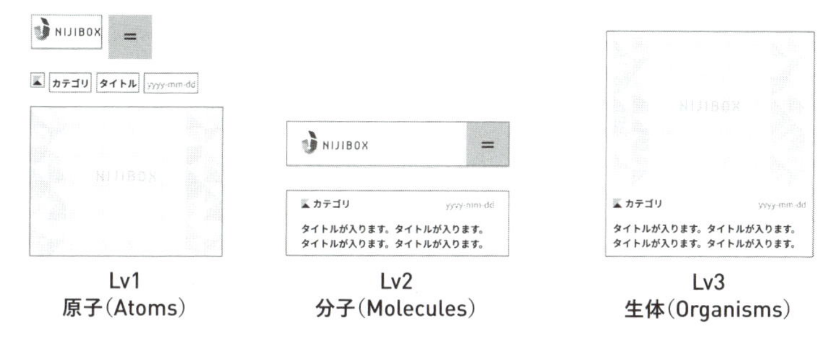

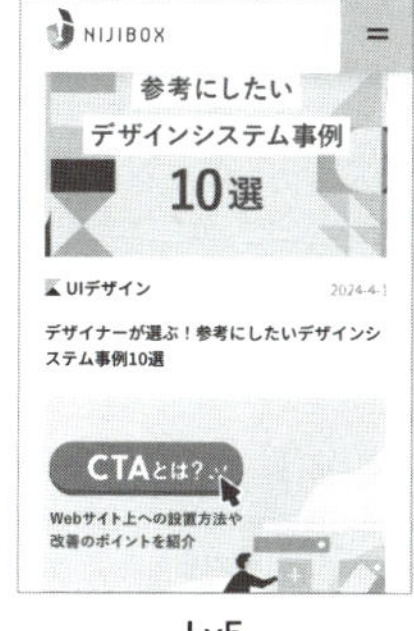

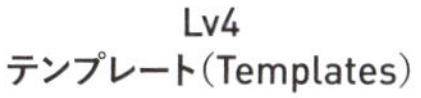

注 4.10　https://atomicdesign.bradfrost.com/

注 4.11　https://spice-factory.co.jp/web/about-atmicdesign/

Atomic Designのようなフレームワークを利用して設計することで、複数のページで要素を使い回しやすくなります。また、UIが単位ごとに分かれているため、一部分のみ再利用できるのもメリットです。

しかし、どのパーツをどのレベルで定義するかメンバー間ですり合わせていなければ、判断に迷ってしまう恐れがあります。各レベルの定義を明確にし、Atomic Designの特徴を理解したうえでどのように取り入れるかを検討しましょう。

共通言語化のための命名規則

デザインシステムを導入するメリットに「エンジニアとの共通言語になる」という点が挙げられます。しかし、命名規則が定まっていなければ、逆にエンジニアを困惑させることになるかもしれません。

命名規則というと、どのようなものを思い浮かべるでしょうか。「スペースを使用しない」「特殊文字を使用しない」「日本語を使用しない」などが一般的でしょう。ここでは、もう少し詳細な命名規則の手法を紹介します。名称だけではないデザインシステム全体のデータの作り方については、第5章の「エンジニアとスムーズに連携するためにできること」で説明します。

命名規則を検討するにあたっては、大きく分けて「記述方法」と「階層名称規則」という2つのルールを決めるのがよいでしょう。

記述方法

まず、代表的な「記述方法」としては以下が挙げられます。

- **キャメルケース（camelCase）**：複数の単語をつなげて表記する際に、先頭の単語だけ小文字にして後の単語の先頭を大文字にする
- **パスカルケース（PascalCase）**：複数の単語をつなげて表記する際に、各構成語の先頭を大文字にする
- **スネークケース（snake_case）**：複数の単語をつなげて表記する際に、単語間のスペースをアンダースコア（_）に置き換える
- **ケバブケース（kebab-case）：複数の単語をつなげて表記する際に、単語間のスペースをハイフン（-）に置き換える**

階層名称規則

記述方法を決めたら、単語の区切りと順番を理解しましょう。ここでは、一例として「CEVパターン」注4.12を紹介します。

CEVとは、「コンテキスト（CONTEXT）、エレメント（ELEMENT）、バリアント（VARIANT）」の略です（図4.21）。この方法に近い考え方としてBEM (Block Element Modifier) 注4.13というCSSの命名規則があります。どちらも3つの階層でカテゴライズする手法であり、抽象度が高い単語から低い単語の順で定義していくことが共通しています。

図4.21 CEVパターン

ここからは、CEVパターンについて詳しく説明していきます。

まずは「コンテキスト（CONTEXT）」です。これはコンポーネントが属する大まかなカテゴリを指します。たとえば、使用箇所（Home、Header、Footer、Sideber、Body、Backgroundなど）やオブジェクト（Article、Post、Menuなど）や機能の特徴（FeedBack、Input、Navigationなど）を定義します。それ以外にも、前述したAtomic Designの手法に基づいて「Lv1」「Lv2」……といったレベルで定義してもよいでしょう。

次の階層は「エレメント（ELEMENT）」です。これはコンテキストで定義したものの構成要素を指します。たとえば、コンテキストが「Article」であれば、「Card」や「List」などがエレメントにあたります。「Input」の場合は、「Form」や「Checkbox」などを定義することになるでしょう。

最後は「バリアント（VARIANT）」です。これはバリエーションやオプションを指します。たとえば、大きさ（Large、Medium、Smallなど）や状態（Default、Hover、Disable、Errorなど）や位置（Right、Left、Centerなど）

注4.12 https://andreferrazdev.medium.com/a-naming-convention-for-ui-components-77f4fb8797c

注4.13 https://en.bem.info/methodology/

を定義します。

なお、CEVパターンでは、コンテキスト、エレメント、バリアントのすべてを指定する必要はありません。たとえば、さまざまな場所やページで使用されているコンポーネントの場合は、コンテキストは指定せずエレメントとバリアントのみ指定するのもよいでしょう。

図4.22　エレメントとバリアントのみ指定する

また、同一のコンポーネントに複数のバリアントがある場合は、コンテキストとエレメントのみ指定したり、エレメントのみ指定してもよいでしょう（**図4.23**、**図4.24**）。こうした場合、バリアントはFigmaやAdobeXDなどのデザインツールの機能を使用して指定し、コンポーネントの名称には加えません。

図4.23　コンテキストとエレメントのみ指定する

図4.24　エレメントのみ指定する

ここではCEVパターンを用いて説明しましたが、「公開されているさまざまなデザインシステム」で紹介した「Material Design (Google)」や「Human Interface Guidelines (Apple)」の命名規則を参考にしてもよいでしょう。明確な参考があることでルールがスムーズに決まるかもしれません。

もちろん、これらの方法は一例です。どのようなサービスにも適合するとは限りません。階層の区切りや順番、定義する単語の粒度を統一することが重要です。自分たちのサービスに合う規則を見つけましょう。

命名規則の選択基準

デザインシステムを使用するデザイナーやエンジニアなどで検討し、わかりやすさや、使いやすさ、合理性などを考慮して命名規則を選択しましょう。「デザインシステムを制作するデザイナーだけで決めればよいのではないか」と思われる方がいるかもしれませんが、その場合、知らないところでエンジニアに負担をかけることになるかもしれません。

たとえば、デザイナーが命名をしていなかった場合、エンジニアが適宜書き換えるコストがかかったり、意図した命名にならないという問題が生じたりしてしまいます。

解決策としては、コンポーネント化していないパーツについても、規則に沿って命名することを必須にしたり、エンジニアが命名を変更しないことをルールにするなど、デザイナーとエンジニアの間で進め方を相談し、合意をとっておくことがとても重要です。

メンバー間での認識の共有

コンポーネントライブラリを作成する際は、メンバー間でコンポーネントの使い方やルールを確認し合うことが重要です。なぜなら、似たような運用をしたとしても、チームやプロダクトの特性によって言葉の定義が異なる場合があるからです。

たとえば、項目のオンとオフを切り替えるパーツについて、Human Interface Guidelinesでは「Toggles」、Material Designでは「Switch」と命名されています（**図4.25**、**図4.26**）。組織によってコンポーネントの呼び方が異なっているのです。そのため、コンポーネントライブラリは作って終わりではなく、チームに合った共通言語や文化を醸成することが重要です。

図4.25 Human Interface Guidelinesの「Toggles」

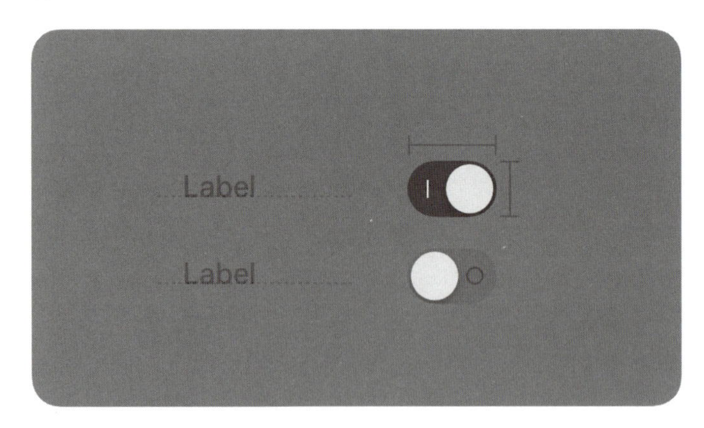

図4.26　Material Designの「Switch」

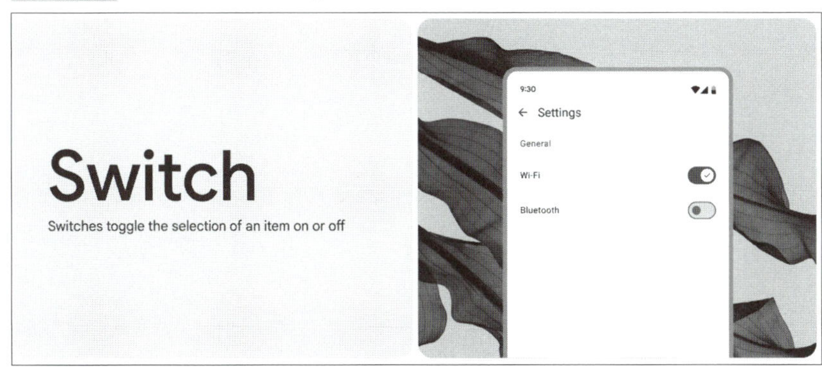

コンポーネントの命名や使い方の定義は、公開されているデザインシステムを参考にしてみてください。

インターフェースインベントリによる一貫性の確保

コンポーネントライブラリを作成するなかでUIのルールのばらつきなどが気になってきたら、「インターフェースインベントリ」で整理してもよいでしょう。

インターフェースインベントリとは、前述したAtomic Designの考案者であるBrad Frost氏が提唱する、プロダクトの既存コンポーネントの課題を見つけ出す手法です[注4.14]。UIの一貫性を整理しつつ、プロダクトに関わるメンバーに視覚的に課題を伝えることができるため、関係者を巻き込んで課題を解決したい場合に有効でしょう。

インターフェースインベントリは、以下の3ステップで作成していきます。

①コンポーネントを収集する
②収集したコンポーネントを分類する
③メンバーで議論する

①コンポーネントを収集する

プロダクトの画面で使用されているコンポーネントを切り出して、1箇所に集めます。集め方は、スクリーンショットや印刷など、後に議論がしやすい方法を選択してください。

ここで意識することは、可能なかぎりすべてのデザイン要素を集めることです。時間はかかりますが、プロダクトの課題を見つけるために、極力見落とさないよう精査しましょう。

②収集したコンポーネントを分類する

コンポーネントの収集が終わったら、それらをカテゴリごとに分類していきます。カテゴライズのしかたは厳密に決まっていません。Atomic Designを使って粒度ごとに分類する方法や、Human Interface GuidelinesやMaterial Designなど既存のデザインシステムを参考にしてみましょう。たとえば以下のような分類が考えられます。

注4.14　https://bradfrost.com/blog/post/conducting-an-interface-inventory/

- **Global**：ヘッダーやフッター、UI全体で共有されるグローバル要素
- **Navigation**：プライマリナビゲーション、フッターナビゲーションなどのUI内を移動するために使用する要素
- **Image types**：ロゴ、ヒーロー、アバター、サムネイル、背景などの画像
- **Icons**：アイコン
- **Forms**：テキストエリアやラジオボタンなどのフォーム要素
- **Buttons**：ボタン
- **Headings**：見出し要素
- **Blocks**：見出し、画像などのコンテンツをまとめたカード
- **Lists**：リスト形式で表示される要素
- **Interactive Components**：アコーディオン、タブ、カルーセル
- **Media**：ビデオやオーディオ要素
- **3rd Party**：ウィジェットやソーシャルボタンなど
- **Advertising**：広告フォーマット
- **Messaging**：アラート、ポップアップ、ツールチップなど
- **Colors**：色
- **Animation**：アニメーション

③メンバーで議論する

カテゴライズしたコンポーネントをもとに、必要なものと不要なものをデザイナーやエンジニアで議論します。

たとえば、同じ役割で異なるデザインのものが存在する場合など、一貫性が損なわれている要素はなるべく統一して合理化していきます。議論して定義された内容は、スタイルガイドに落とし込んでドキュメント化しておくとよいでしょう。

図4.27　要素の統一

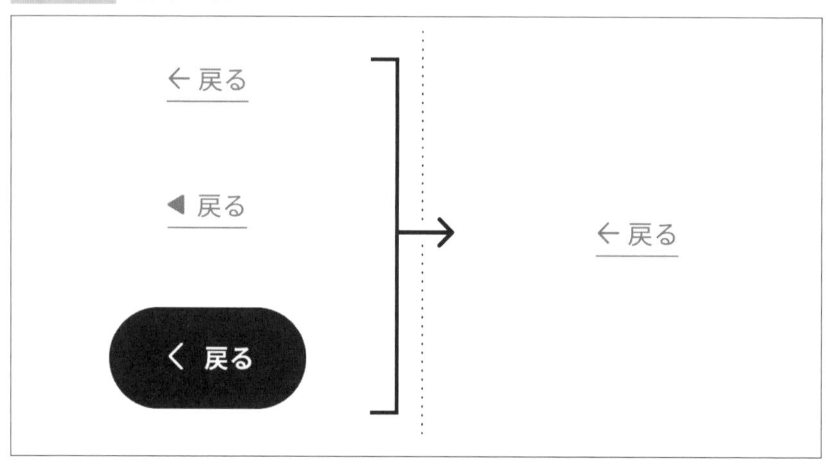

インターフェースインベントリを実施することで、デザインの一貫性を保ち、異なる職種間で認識を合わせられます。一方で、実施にかかるコストに対して相応のリターンが得られるかは、チームで見定める必要があるでしょう。見つかった課題を解決できる環境であるか、今後課題が発生しないようデザインシステムをどのように整えていくかなど、インターフェースインベントリを実施する目的を明確にしたうえで取り組んでください。

ユーザー行動に関わる体験の設計

ここまでデザイントークン単位の細かいものからスタイルガイド、コンポーネントライブラリなど、デザインシステムの土台になる部分について理解を深めてきました。ここからは、もう一段階成長したプロダクトになるため、サービスの根幹である「ユーザー体験に関わる設計」について考えていきます。

プロダクトによっては、ユーザー体験に関わる設計をしっかり決めてからデザイントークンなどのデザインシステムの土台を固めてもよいかもしれません。あなたが関わっているプロダクトがどちらに適しているかわからない場合は、本章冒頭の「デザインシステムの方針を検討する」に立ち戻ってみてください。

ユーザー行動に関わる体験とその設計とは

ここでいう「ユーザー行動に関わる体験」とは、ユーザーが商品やサービスを通して得られる体験すべてを表す「UX」と呼ばれるもののなかでも、とくに「プロダクトを使用しているときに得られる体験」のことを指します。

たとえばあなたが旅行へでかけようと思ったときに、泊まれるホテルを調べるため、Web サイト上で希望の日程を設定し、条件に当てはまるホテルを比較検討して予約するなど、プロダクトを通して得られる一連の行動が、ユーザー行動に関わる体験になります。

そしてここでいう UI デザイナーやエンジニアが担う「体験の設計」とは、Web やアプリケーションの UI 設計で使用するデザイントークンやコンポーネント、スタイルガイドを組み合わせてデザインに落とし込んでいくことといえます。

体験の設計とその見直し

なにもない状態から新しく設計していくこともありますが、今あるプロダクトを部分的に見直していくことも、体験の設計のひとつです。ここでは「今あるプロダクトを部分的に見直していく」方法について説明していきます。部分的に見直すとはどういうことか、具体的な例とともに考えてみましょう。

図 4.28 のような画面があり、この画面でユーザーに行ってほしい行動が「対象の項目を未選択、または3つまで選択した状態で、設定ボタンを押して次の画面に遷移する」というものであったとします。

図4.28　見直し前の画面

選択してください
selection① selection②
selection③ selection④
selection⑤ selection⑥
設定
項目は最大3つまで選択可能です

また、現状の設計は以下のような特徴を備えているとします。

- **複数の選択項目とそれに紐づく設定ボタンがある画面に「項目は最大3つまで選択可能です」と表示されるトーストが表示されている**
- **このトーストは3秒経つと自動で消える**
- **このトースト以外に「最大3つまで選択可能」と記載してある箇所はない**

改善すべき課題を見つける

では、現状の設計でユーザーに行ってほしかった行動をちゃんと促せているでしょうか。この画面でのトーストの役割は、「最大3つまでしか選択できないという制約をユーザーに認識させること」といえます。現状の「3

秒経つと自動で消える」という設計でその役割がはたせているかを考えると、この画面の課題や、見直しの必要性がわかってくるでしょう。

今回の例では、「一定数のユーザーはこの画面の制約を認識できないのではないか」という仮説を立てます。理由を挙げてみます。

1 ほかの要素に気を取られ、トーストの表出に気づかない可能性がある
2 トーストには気づいたが、テキストを読む前に消えてしまう可能性がある
3 トーストには気づいたが、自分には関係ないものだと思い、内容を確認しない可能性がある

1～3に共通していえるのが、トーストに記載してある制約文言を認識しない可能性があるということです。

課題を整理し解決策を考案する

この画面に課題があることがわかったので、現状の課題を整理し、適切な体験になるように再設計していきましょう。

まず、「トーストに記載してある制約文言を認識しない可能性」に対しては以下のような解決策が考えられます（図 4.29）。

- **画面上のほかのパーツよりも目立つようにデザインの強度を上げる**
- **トーストを表示する時間を 3 秒から 5 秒に増やす**
- **ユーザーが能動的に消すまでトーストを表示し続ける**

図4.29　考えられる解決策

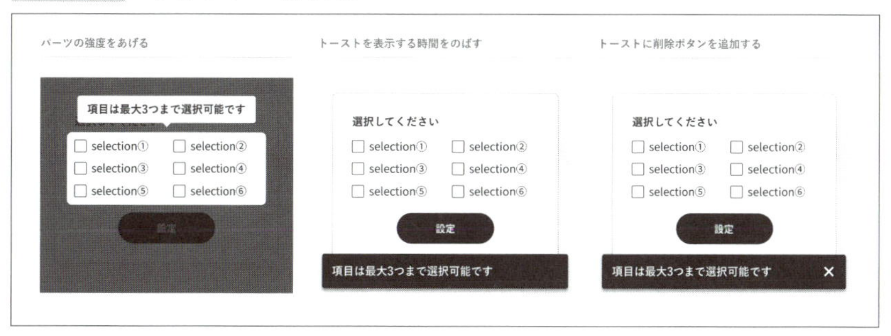

第4章 デザインシステムの設計

しかし、課題は1つとは限りません。トーストの制約文言を一度は認識したとしても、対象の項目がわからなかったり、内容を忘れてしまった場合、「再度ユーザーが制約文言を確認する手がない」ことも課題といえるでしょう。これに対しては、消えてしまうトーストで認識させるのではなく、「制約文言を画面内に固定表示する」という方法でも解決できそうです（**図 4-30**）。

図4.30　制約文言を固定表示する解決策

解決策を検討し再設計を行う

課題と解決策が揃ったら、どの案がよりユーザーに行って欲しい行動を適切に促せているか結論を出していきます。最初に考えた3つの解決策は、「どれもトーストの制約文言を認識しない可能性」を限りなく低くできる打ち手です。

一方、「制約文言を画面内に固定表示する」という解決策は、「再度ユーザーが制約文言を確認する手がない」という課題に対しても根本的な解決が見込めます。ゆえに、「項目は最大3つまで選択可能」という情報はインフォメーションとして画面内に固定で置くのが適切だといえそうです。

この結論から、「トーストの表示秒数は5秒」「ユーザーが必ず認識しなければならない情報をトーストのみで表示させない」というコンポーネントの使用ルールをデザインシステムに組み込むことができるでしょう（**図 4-31**）。また、最終的な結論を「ユーザーが能動的に消すまでトーストを表示しておく」とした場合、トーストのコンポーネントに非表示アクションを可能にする×アイコンを追加するかの検討が必要になってきます。

図4.31　見直しの結果策定したルール

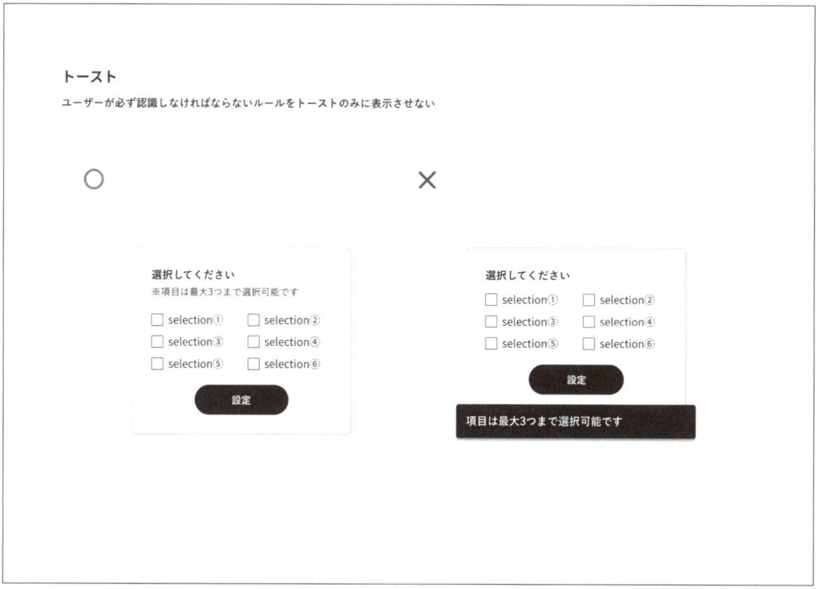

このように、デザインシステムを修正する方針までまとめることが、ユーザー体験を「部分的に見直す」ということです。

改善点を見つけるテクニック

続いて、このトーストの例のように、今あるサービスの改善点を見つけるためのテクニックを紹介したいと思います。

ヒューリスティック分析

「ヒューリスティック」とは「経験則」という意味であり、UI/UX の専門家がその経験則を活かして Web サイトやアプリケーションを評価する手法です。

ヒューリスティック分析に関しては第 3 章でも触れましたが、ここではコンバージョンアップなどの目的に対して、ユーザーが迷わずにアクションできる情報設計になっているかを Web サイトで実際に操作・閲覧しながら分析するテクニックとして紹介します。

たとえば、**図 4.32** のように表の形で整理していくことができるでしょう。

図4.32　ヒューリスティック分析の例

Webサイト／アプリケーション名

対象画面	ページの目的	レイアウト コンテンツの優先順位を考慮に入れたレイアウトになっているか、メリハリがあり、ユーザーが必要な情報を探せるレイアウトになっているか	UI／ページ構成 ユーザーのタッチ操作を考慮したUIになっているか。タップ数や情報量などを考慮に入れた適切なuI・ページ構成であるか
例） 検索画面	・ホテルを検索する ・条件に合ったホテルを予約する	・テキストが小さい	・予約動線がどこにあるかわからない ・各ボタンの位置が近く、押しにくい

この手法のメリットは短時間かつ低コストで目的にそった課題を抽出しやすいことで、デメリットは分析を実施する人の主観に左右される可能性があることといえます。

パターンマップ

サービスを利用するユーザーの目的ごとにパーツパターンを整理する手法です[注4.15]。

「探す」「比較する」「予約する」などの目的ごとに行動を洗い出し、その行動に紐づいたパーツパターンをまとめていきます。縦軸に目的の行動、横軸にタイムラインを意識して、紐づくパーツパターンを埋めていくことで全体の流れを俯瞰しながら課題を見つけていきます（**図4.33**）。

この手法のメリットは経験が少ない人でも網羅的にまとめた中から課題が見つけやすいこと、デメリットはまとめるコストが高いことだといえます。

注4.15　参考：アラ・コルマ・トヴァ 著／佐藤伸哉 監訳『Design Systems：デジタルプロダクトのためのデザインシステム実践ガイド』（ボーンデジタル、2018）

図4.33　パターンマップの例

課題の解決策を見つけるテクニック

続いて、解決策を見つけるテクニックもいくつか紹介します。

マインドマップ

マインドマップとは、頭の中で考えていることを書き出すことで、記憶の整理や発想をしやすくする思考方法です。

画面の真ん中に概念の中心となるキーワードを置き、そこから連想できたキーワードを広げていきます。たとえば「課題」を真ん中のキーワードに設定した場合、「改善点」「要素」「不明点」などを周囲に書き出していきます。

書き出していったものを分類したり、なぜこのキーワードがでてきたのかなど、原因を追求していくなかで思考が整理され、解決策へ近づくことができます。

さらに、解決策がいくつかでてきた場合、それぞれのメリット・デメリットを洗い出すことで、最終的な解決策を出すことができるでしょう。

UIデザインでマインドマップを活用する方法については、NIJIBOX BLOG[注4.16]でも紹介しているので参考にしてみてください。

注4.16　https://blog.nijibox.jp/article/mindmap_for_uidesign/

図4.34　マインドマップの例

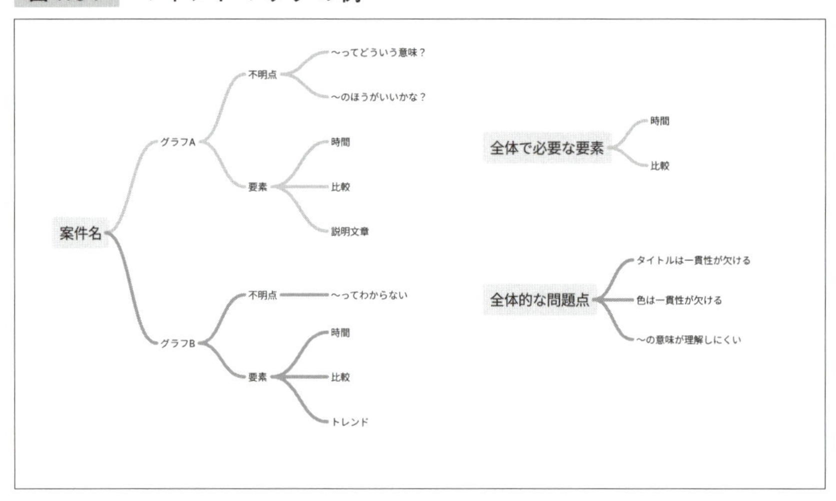

UX5段階モデル

アメリカのUXデザイナーであるJesse James Garrett氏が考案した概念です。**図4.35**のようにユーザー体験は5つの要素から構成されているとし、それらのつながりを意識的に考えることで、表面的なデザインではなく、戦略に基づいたデザインを作ることのできるフレームワークです。こちらもNIJIBOX BLOG[注4.17]で紹介しているので、あわせて参考にしてみてください。

一度戦略まで立ち戻り、各要素の観点をもって考えることで、本来の目的を実現するプロダクトに近づけることができます。また、デザイナーだけでなく、プロダクトに関わるさまざまな職種の人との合意形成にも役立つでしょう。

注4.17　https://blog.nijibox.jp/article/5elements_of_ux/

図4.35　UXの5段階モデル

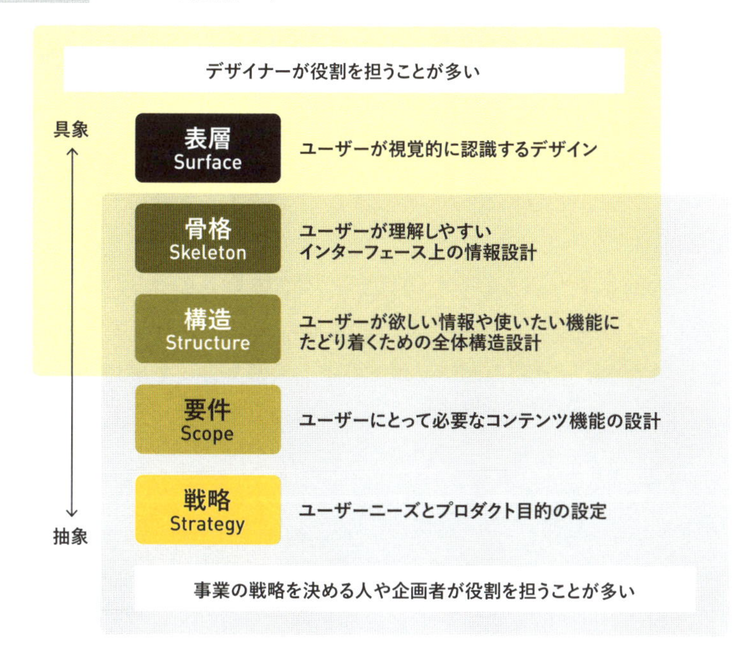

それぞれ明確にわかれているわけではなく、グラデーション的に役割分担されている

見直しのタイミング

詳しくは第6章で紹介しますが、このような体験設計の見直しは一度行えば終わりではなく、継続してブラッシュアップしていくものです。

Web 2.0時代の立体感の強いシャドウ表現からフラットデザイン、さらにその先の表現に変わってきたように、世の中のトレンドやスタンダードも日々変わっていきます。また、ダークモード対応や、普及率の高いデバイスのサイズの変動によっても都度見直しを行う必要があります。

そのような大きな節目以外でも、新たな機能を追加する際は既存の類似パーツや関係する画面を見直し、課題を発見・整理することで不要なパーツの亜種を増やすことなく、より質の高い体験をユーザーに提供していくことができるでしょう。

ブランドイメージに関わる部分の設計

ブランドイメージとは、サービスに対してユーザーが抱くイメージのことです。

ホテル予約サイトというひとつのカテゴリで考えても、高級感を感じるWebサイトや、ファミリー向けのような親しみやすさを感じるものも存在します。このように、独自性を際立たせることでターゲット層に響くイメージをつくり、ホテルを探して予約するという数ある類似サービスの中から判別・選択してもらえるようにするのです。

Webサイトだけでなく、CMやポスターなどの広告でブランドイメージを築くことも可能ですが、この章では、デザインシステムに関連する「スタイル」に注目して、ユーザーに与えたいイメージと現状のデザインに乖離があるかを調査し、あるべき姿にするための手順を説明していきます。

スタイルが与えるイメージとは

たとえば、**図4.36**と**図4.37**のような2種類のデザインを見たときに得られるイメージについて考えてみましょう。

図4.36　入力フォームA

Enabled　name

Focused　ニジボ|

Error　にじぼっくす
カタカナで記入してください

図4.37　入力フォームB

Enabled

氏（カタカナ）
住民票に記載された姓をカタカナで記入します
氏（カタカナ）

Focused

氏（カタカナ）
住民票に記載された姓をカタカナで記入します
ニジボ

Error

氏（カタカナ）
住民票に記載された姓をカタカナで記入します
にじぼっくす
カタカナで記入してください

これらを比較すると、次のように整理できるかもしれません。

- 入力フォームA
  - スタイルの特徴：説明が少ない、色数が少ない
  - 一般的に得られるイメージ：シャープさ、スタイリッシュさ
- 入力フォームB
  - 説明が細かく多い、色数が多い
  - 一般的に得られるイメージ：優しい、親しみやすい

あくまで一般的なイメージですが、フォームという同じパーツでもスタイルが変わるとユーザーに与えるイメージが変わることがわかります。

ブランドイメージの設計

たとえば幅広い年代の人をターゲットにしているサービスであれば、どんな人でも受け入れてくれそうな親しみやすさや、敷居が低いイメージをユーザーに与えたいところでしょう。

そのイメージを叶えるためには、アクセシビリティを意識した読みやす

い文字の大きさにしたり、状態を文字だけでなく色やアイコンでわかりやすくしたり、細かい説明をつけてだれもがわかるように工夫したりする必要があります。

このように、ユーザーに与えたいイメージを具体的に表現していくことが、ブランドイメージの設計です。以下では、ブランドイメージの設計を次のような4つのステップで行っていく方法を紹介します。

1 どんなイメージをユーザーに与えたいか考える
2 現状と乖離がないか調査する
3 乖離を修正する
4 合意形成をする

1 どんなイメージをユーザーに与えたいか考える

まずは、ユーザーにどんなイメージをもってもらいたいか決めていきましょう。

最初に、だれと決めていくかを考えていきます。イメージとは、事業がかかげている「理念」や「デザインコンセプト」に紐づいているものであり、サービスの独自性そのものといえるので、デザイナーだけでなく事業の戦略を決める人も巻き込み、事業サイドと認識を揃えるきっかけにするのもよいでしょう。そのほかにも、ステークホルダーはだれなのかを把握し、理解と協力を得られるよう進めることが大事です。

次に、このサービスを通してユーザーに提供するべきブランドイメージを考えていきます。たとえば、「自分の大事なお金を預ける銀行のような金融サービスをユーザーに不安を与えたくない」であれば、ユーザーに持ってもらいたい、醸成すべきブランドイメージとは「安心感」「信頼感」などが考えられるでしょう。

この「安心感」のような感覚的な価値のことを「情緒価値」、「預金残高をWebサイト上で確認できる」のような機能や性能のことを「機能価値」と呼ぶことがあるので覚えておきましょう。ユーザーに提供するべきブランドイメージを考えるということは、サービスの情緒価値を発見することとも言い換えることができます。

この際、ユーザー体験の改善点を見つけるテクニックとしても紹介したヒューリスティック分析を活用し、現状を踏まえて議論するのもよいでしょう。サービスに関わるステークホルダーを集めて、それぞれが思うサービスの価値やあるべき理想像を書き出していきます。miro[注4.18]などのホワイトボードツールを利用し、書き出した意見を可視化しながら議論を進めることで、サービスの情緒価値が見えてくるはずです。

図4.38　miro

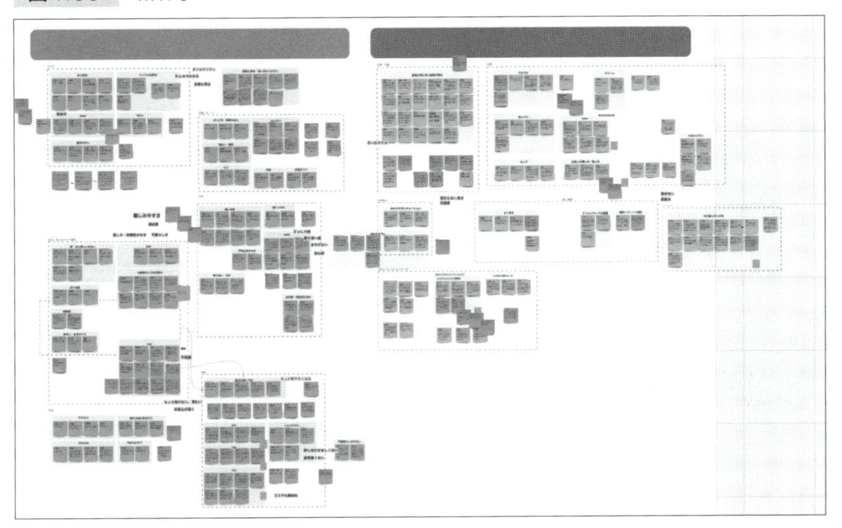

② 現状と乖離がないか調査する

与えたいイメージが決まったら、現状のプロダクトでそれをどの程度表現できているか調査していきます。

現状のWebサイトではブルーを基調とした落ち着いたトーンを使用し、規則正しいレイアウトで「真面目さ」「信頼感」を訴求をしているのに、CMや広告では「楽しさ」を全面に出しているなど、サービスに関わるもののなかで矛盾が生まれていないかなどもポイントになってくるので参考にしてみてください。

こうした矛盾や、与えたいイメージと現状のプロダクトとの乖離がないかを調査するためには、実際のユーザーを対象にイメージ調査をするのも効果的です。**図4.39**のようにデザインと情緒的なキーワードの選択肢を用意

注4.18　https://miro.com/ja/

し、ユーザーが選択する形式で進めましょう。

図4.39 アンケートの例

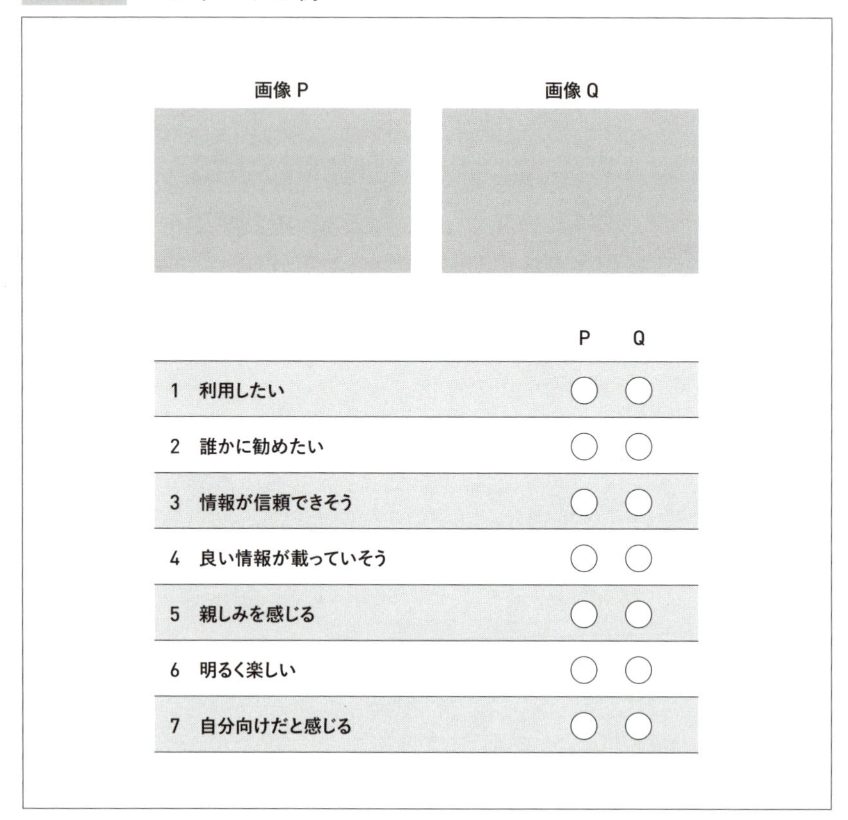

もちろん実際にプロダクトを利用しているユーザーに依頼するのは予算や時間が多くかかるものです。難しい場合は社内アンケートを実施するのもよいでしょう。

③乖離を修正する

続いて、与えたいイメージと現状に乖離があった場合の修正方法について考えていきましょう。

たとえば、与えたいイメージは「楽しい・明るい」「優しい」だったのにもかかわらず、調査結果が「落ち着いた・真面目」「堅い」など真逆だった場合、スタイルガイドを検討しなおす必要があります。

「楽しい・明るい」イメージにするためには、キャラクターや装飾を入れることでにぎやかにしたり、プロダクト内で使用するワーディングをだれが見てもわかりやすいものにすることでユーザーに寄り添う方法も考えられます（**図 4.40**）。

図4.40　ワーディングのガイドラインの例

このようにさまざまな打ち手がありますが、今回は全体のトーンを変更し、明るい印象に変えることにした場合の説明をしていきます。

たとえば、背景色を１トーン明るくするだけでも印象は大きく変わりますが、その際、背景にのせているオブジェクトとのコントラストを意識して調整しなければ視認性を損ねる可能性があるので注意しましょう。

また、「優しい」イメージにするためには、角丸を強めたり、十分な余白をとれるようスペーシングを広めに定義しなおすことで調整できそうです（**図 4.41**）。

図4.41　シェイプや余白を見直した例

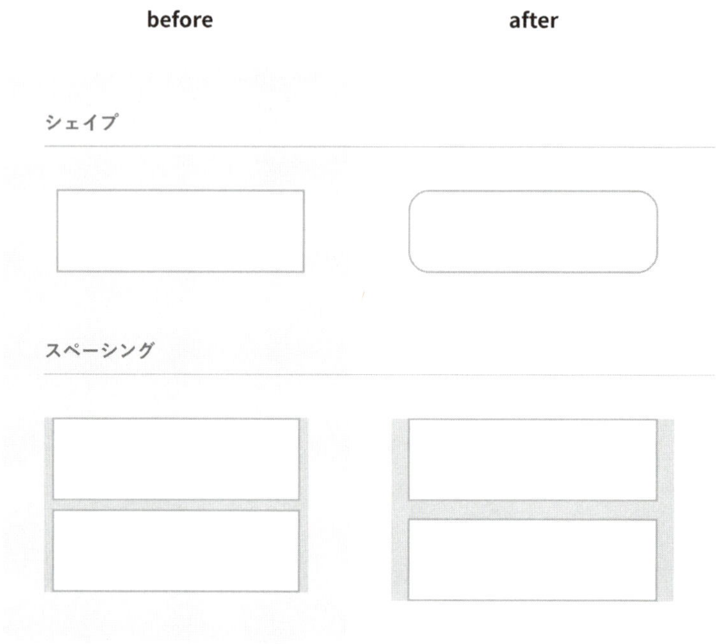

④合意形成をする

最後に、与えたいイメージを提供できているか確認します。修正したスタイルをデザインに反映したうえで、再度ユーザーインタビューや、内部メンバーへのヒアリングを行いましょう。

乖離が解消され、与えたいイメージを提供できていることを確認できたら、デザイナーだけでなく、ステップ①で把握したサービスに関わるステークホルダーと合意形成を行います。

サービスに関わるさまざまな職種の人と目線を合わせることによって、それぞれの観点から、今回修正したものが目指す方向性に一致しているか、精度高く確認できるようになります。具体的な合意形成のやり方については、第3章の「現場での合意を形成する」も参考にしてみてください。

堅牢さと柔軟さ、どちらを優先する？

最後に、デザインシステムを堅牢なルールとして捉えるか、柔軟な指針として捉えるか、組織としての方針を決めましょう。

細かく設定されている堅牢なルールであればデザイナーは迷うことなく作業を進められますし、解釈の余地を残した柔軟な指針であればデザイナーは都度検討し最適解はなにかを探すことになるでしょう。

ルールが細かく決まっているほうが判断が容易で運用しやすそうに思えますが、ルールに沿えないイレギュラーなパターンが発生したときに、検討に時間かかる場合もあります。逆に、解釈の余地を残した指針の場合は画面や機能ごとに最適化できますが、デザイナーの能力によって品質に差がでてしまう可能性もあります。

組織体制によって選ぶ方針が変わってくるため、ここではいくつかの目安を紹介します。

まず、堅牢なルールとして捉えるメリットの大きいと考えられるのは、以下のような特徴を持つ組織でしょう。

- **一度作成したデザインを長く使用する組織**
  SaaSや業務支援ツールなど機能に特化したサービスは、ルールやデザインを変更するたびに学習コストをかけないようにするため、何年も同じルールを使用していることが多い
- **デザイナー以外も画面を設計する組織**
  デザイナー以外のエンジニアや企画メンバーも画面を設計する場合、だれにでも最適なデザインが作れるように解釈の余地を狭めてルール化し、デザインの検討にかかる負担を減らしたほうが効率的
- **きわめて規模が大きい組織**
  規模が大きく、関わる人数が多い場合、ルールを堅牢にすることで人によって品質が変わるのを防いだり、サービスの統一感を損なわないようにしたりできる

一方、以下のような組織では柔軟な指針として捉えることのほうがメリットが大きいかもしれません。

- **少数精鋭のデザイン組織**
  デザインシステムに対する理解が全員揃っており、それぞれが品質を担保できる場合、柔軟な指針として捉えたほうが画面最適化しやすい
- **新しい組織**
  まだデザインシステムを作りたての新しい組織では、ルールとして固めきらずに検討を重ねていくほうが行き詰まる心配が少ない
- **情緒価値を含めたデザインシステムを作りたい組織**
  プロモーションサイトなどのデザインシステムであれば、表現の幅が狭まらないように解釈の余地を残したほうがよい

デザインシステムの運用を始めてすぐは、どちらの方針を選べばいいかわからないかもしれません。運用していくなかで合う合わないがわかってくることもしばしばです。それぞれのメリットとデメリットを勘案し、関わるプロダクトの特性に合うものを見つけてみてください。

第5章 デザインシステムの導入

本章では、第4章で整理した内容をもとに、デザインツールを使ってデザインシステムを構築していきます。

すでに本書で述べてきたとおり、デザインシステムの型はひとつではないため、ツールやデザインシステムの組み方は組織に合ったものでかまいません。本書では一例として、Figmaを使ったデザインシステムの導入について紹介します。

Figmaとデザインシステムの相性

Figmaを使ったデザインシステムを推奨する理由のひとつに、導入時の手軽さが挙げられます。Webブラウザでも編集でき、データがクラウドに保存されるため、作業者の環境を選びません。また、複数人によるリアルタイム作業が可能で、最新の状態を関係者にシームレスに共有できます（**図5.1**）。さらにFigma内でデザインシステムの構築から、デザイン作業、エンジニアへの連携までできる手軽さもあり、基本的な共有ならほかのツールを使わずに運用が可能です。

図5.1　Figmaを使ったコラボレーション

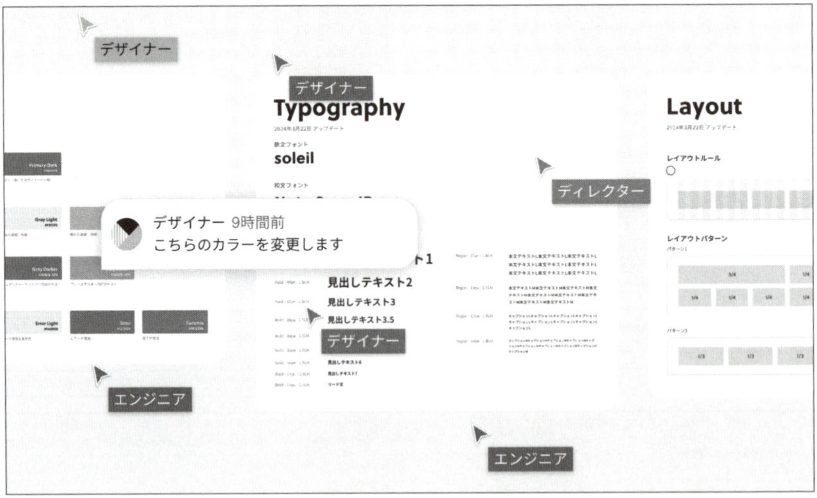

デザイナー視点だと、デザインシステムのライブラリやデザイントークンに関する機能が充実しています。詳細は後述しますが、自由度の高いコンポーネント作成やプロジェクト内で複数のデザインライブラリを共有できます。これらにより高度なデザインシステムの構築が可能です。

導入のハードルの低さや運用のしやすさ、UI に特化した操作性を踏まえると、今からデザインツールを導入するなら一度 Figma を使用してみることをおすすめします。

本書では Figma についての基本操作の説明は省略し、デザインシステムに関わる機能を中心に説明していきます。一緒に Figma を触りながら確認していきましょう。基本操作から学びたい場合は、Figma 公式で発信している「Figma Learn」[注5.1] のビデオチュートリアルを参考に操作に慣れるのがおすすめです。

注 5.1　https://help.figma.com/hc/ja/

Figmaの構造

はじめにFigma全体の構造について説明します。Figmaは「チーム」と呼ばれるスペースをもとに構成され、チームは「プロジェクト」「ファイル」「ページ」を内包しています[注5.2](**図5.2**)。なお、有料プラン[注5.3]にすることで、参加メンバーの人数や扱うプロジェクト、ファイルの数を増やすことができます。

図5.2　Figmaの階層構造

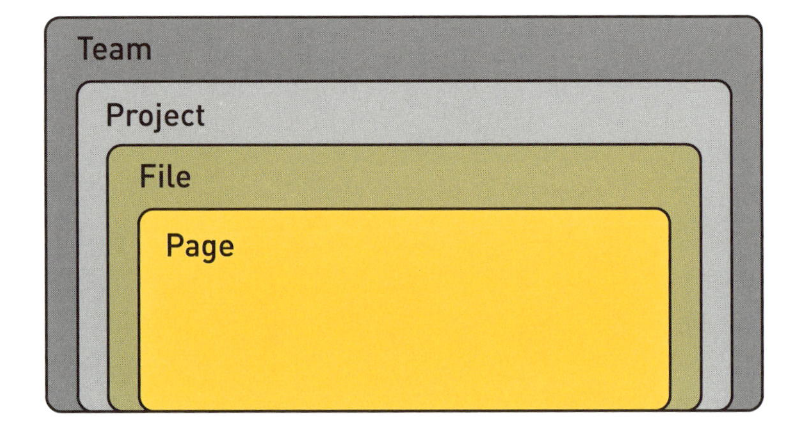

チーム

メンバーやプロジェクトを管理できます。ファイルやライブラリはチームごとに共有されます。

選択するプランによってはチームやメンバーの数を増やすことが可能です。

注5.2　https://help.figma.com/hc/en-us/articles/1500005554982-Guide-to-files-and-projects
注5.3　https://www.figma.com/ja/pricing/

プロジェクト

ファイルをグルーピングする機能です。ファイルのありかをわかりやすくするなど、運用において重要な役割を持つため、データの運用方法に合わせてプロジェクトを構成しましょう。

無料プランでは1つのプロジェクトしか作成できませんが、有料プランではひとつのチームに制限なくプロジェクトを作成できます。

ファイル

デザインの作成を行うデザインファイルのことを指します。チームライブラリもファイルのひとつです。基本的にはチームのメンバーは編集と閲覧が可能ですが、ファイル単体で細かくアクセス権限を設定することも可能です。

ページ

ファイル内に階層を作る機能です。これによりデータの整理が可能です。デザイン作成時だけでなく、ライブラリでもページによる区分けは非常に便利なので、扱いやすい構造を模索して構築しましょう。

有料プランでは無制限に作成可能ですが、無料プランではひとつのファイルにつき3ページまでなので注意してください。

ライブラリ構築に活かせる基本的なFigmaの機能

Figmaには、デザインシステムを作るために必要な多くの機能が標準で備わっています。第4章で整理したスタイルとコンポーネントの作成を通じて特に活用すべき機能とその活用方法について理解を深めましょう。

スタイルを作成する

スタイルとは、プロダクト内で繰り返し使用される装飾要素を管理・共有して一貫性を保つための機能で、テキスト、カラー、エフェクト、グリッドスタイルの4つを設定します。これらの設定は、Figma画面の右サイドバー（インスペクタ）から行います（**図5.3**）。

図5.3　スタイルの設定箇所

テキストスタイル

繰り返し使う見出しや本文のテキストスタイルを設定します（**図 5.4**）。

図5.4　テキストスタイル

Typography

2024年3月22日 アップデート

欧文フォント

soleil

和文フォント

Noto Sans JP

テキストの色は ■ **Gray Darker** または ■ Gray Dark を使用します

Bold - 48px - 1.5LH　見出しテキスト1

Bold - 40px - 1.5LH　見出しテキスト2

Bold - 32px - 1.5LH　見出しテキスト3

Bold - 24px - 1.5LH　見出しテキスト4

Bold - 20px - 1.5LH　見出しテキスト5

Bold - 16px - 1.5LH　見出しテキスト6

Bold - 14px - 1.5LH　見出しテキスト7

Bold - 14px - 1.8LH　リード文

Reglar - 16px - 1.8LH　本文テキストL本文テキストL本文テキストL本文テキストL本文テキストL本文テキストL本文テキストL本文テキストL本文テキストL

Reglar - 14px - 1.8LH　本文テキストM本文テキストM本文テキストM本文テキストM本文テキストM本文テキストM本文テキストM本文テキストM本文テキストM

Reglar - 12px - 1.8LH　キャプションLキャプションLキャプションLキャプションLキャプションLキャプションLキャプションLキャプションLキャプションL

Reglar - 10px - 1.8LH　キャプションMキャプションMキャプションMキャプションMキャプションMキャプションMキャプションMキャプションMキャプションMキャプションM

カラースタイル

カラーにメインカラーやパーツなど役割ごとに名前を設定します（**図 5.5**）。

図5.5　カラースタイル

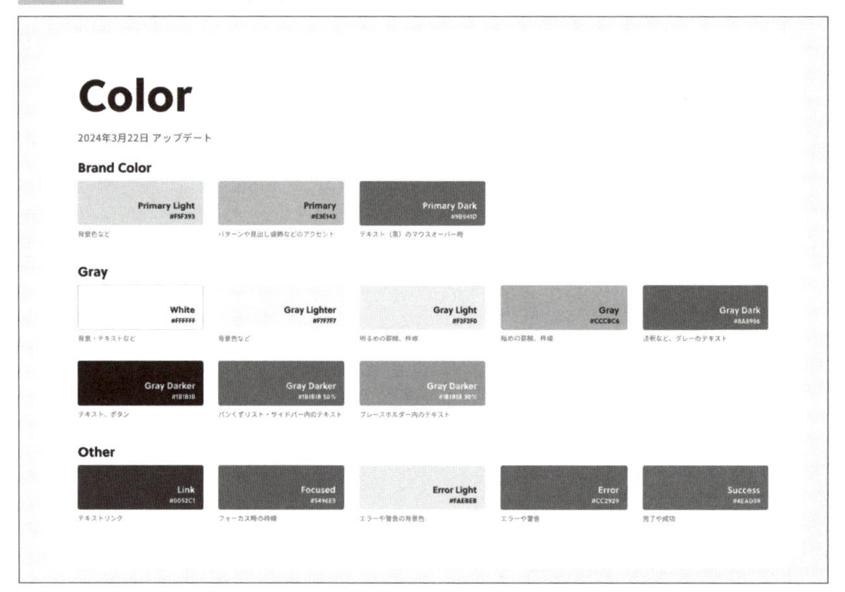

エフェクトスタイル

シャドウやぼかしのスタイルを設定します（**図 5.6**）。

図5.6　エフェクトスタイル

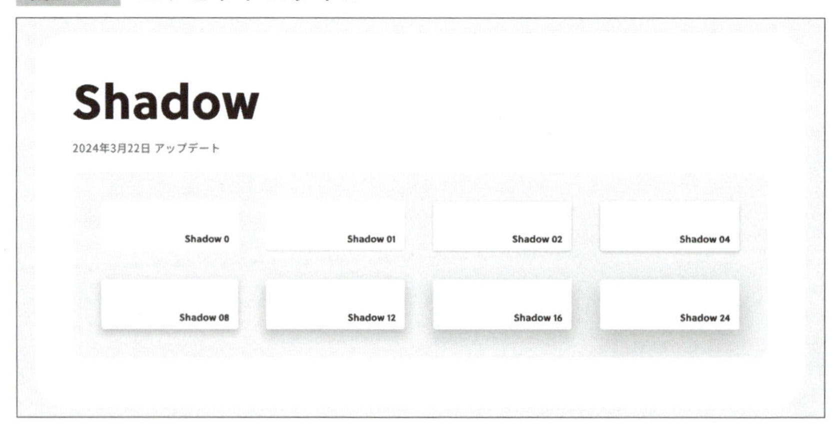

グリッドスタイル

オブジェクトを整列させるためのレイアウトグリッドを設定します（図5.7）。

図5.7　グリッドスタイル

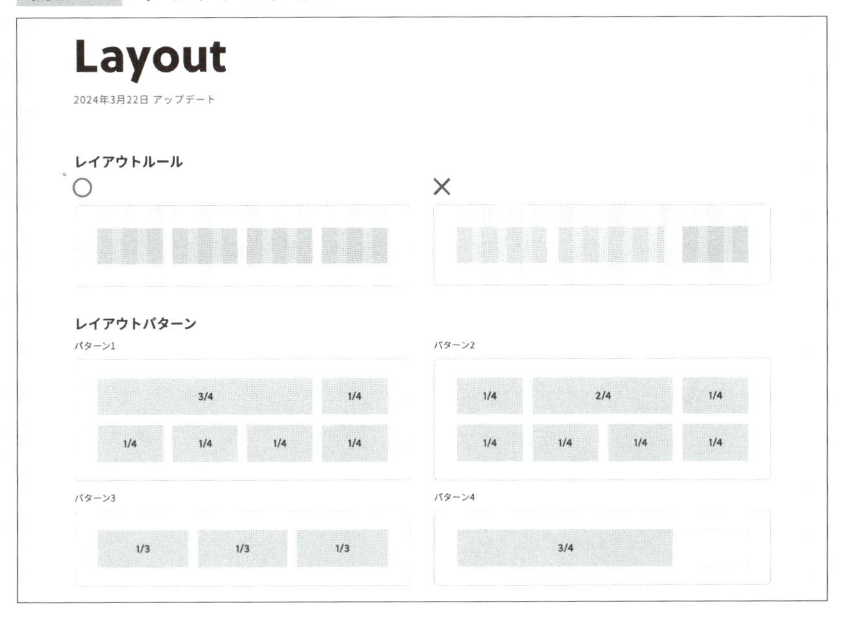

COLUMN

デザインシステムの拡張性を高める機能「バリアブル」

スタイルでもデザインシステムの運用・展開はできますが、「バリアブル」機能を使えばより高度なデザインシステムを構築できます[注5.a]。

たとえば、ダークモードなど複数のカラーテーマに対応したい場合や、日本語・英語・中国語の言語データを用意して多言語対応をしたい場合などが挙げられます。

一方で、単発のランディングページやコーポレートサイトなど、拡張性がそこまで求められない場合は、スタイル機能のほうが運用が手軽で使い勝手が良い場合もあります。

メンバーの習熟度やプロダクトの状態に合わせて柔軟に選択しましょう。

注5.a　ただし、無料プランでは一部機能のみに限られていることに注意してください。

Figmaのスタイル機能は、構成要素の概要や詳細を「名前」「説明」「プロパティ」として一連で管理できるため、効率化や一貫性を保つうえで効果的です（**図5.8**）。

- **名前**：そのスタイルの名称。デザイントークンに名前を定義してある場合は、それをスタイルに設定するのがおすすめ
- **説明**：どのような場面で使用するものかを記載する。必須ではないが、スタイルの詳細をメンバーに共有しやすくなる
- **プロパティ**：フォントやカラーコードといった詳細な指定

図5.8　名前や説明の設定

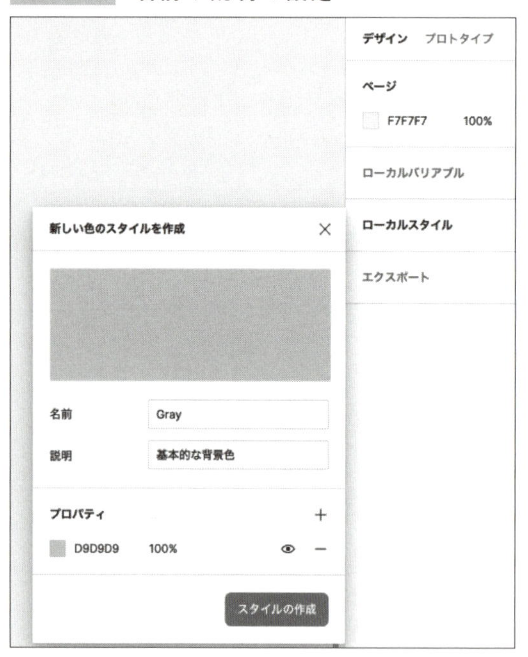

コンポーネントを作成する

続いては、サービス全体で使用するパーツをコンポーネント化する流れを追っていきましょう。今回はサンプルとしてボタンを作成します。

まず、「Primary」「Normal」「Text」の3種類のなかにそれぞれ「Large」「Small」の2つのサイズがあり、ステータスは「Default」「Hover」「Focus」

「Disabled」の4つを設定するとします（**図5.9**）。この段階では各ステータスが網羅されているものの Figma の機能としては落とし込めておらず、まだ実務で使える状態にはなっていません。

図5.9　ボタンの種類

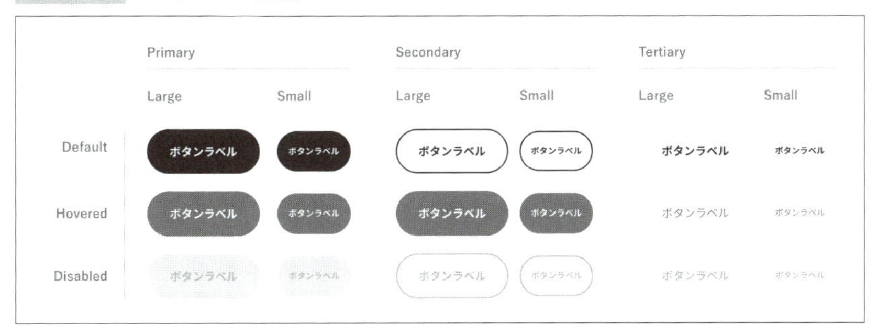

これをコンポーネント化するには、対象の要素を選択したまま画面上部の「+」ボタンを押すか、次のショートカットキーを使用します。

- macOS：Option + Command + K
- Windows：Ctrl + Alt + K

パーツ名が紫色になり、先頭に❖マークが付いていればコンポーネント化が適用されています。

図5.10　ボタンのコンポーネント化（左・適用前、右・適用後）

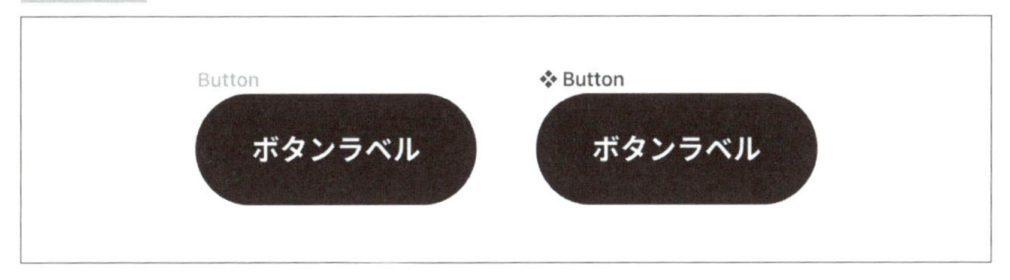

コンポーネント化されたパーツはフレーム要素になります。「フレーム」とはレイヤーなどを格納できるコンテナで、要素をまとめただけのグループと違ってエリアを持っているレイアウト構築に使われる機能です。グループやオブジェクトもコンポーネント化が可能ですが、適用後の扱いやすさが変

わるため最初からフレームで作成することをおすすめします。

コンポーネントは複製が可能です。複製元と複製したものではそれぞれの呼び方や機能が異なります（**図 5.11**）。

- **メインコンポーネント（親）**
  - 複製元のコンポーネントで、パーツ名の先頭に❖マークが付く
  - メインコンポーネントを編集すると複製先にも変更が反映される
- **インスタンス（子）**
  - メインコンポーネントを複製したコンポーネントであり、パーツ名の先頭に◇マークが付く
  - インスタンスのテキストや色などを編集してもメインコンポーネントへ影響はない。メインコンポーネントとのリンクを切って独立させることも可能

図5.11　メインコンポーネントとインスタンスの関係[注5.4]

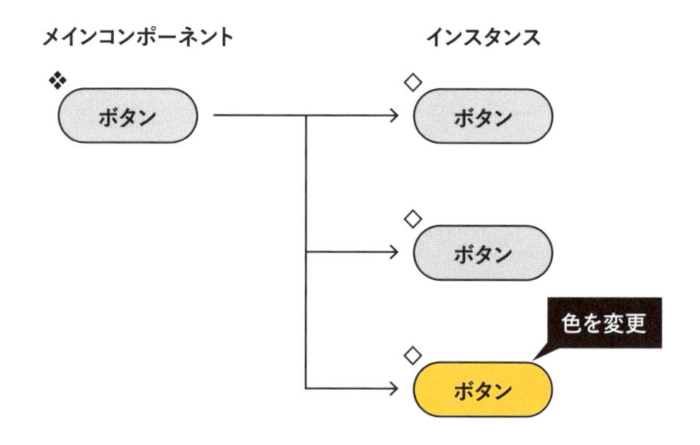

コンポーネント化しただけではまだライブラリとしては不十分です。ここからさらにFigmaの機能を駆使して整理を進めましょう。

注 5.4　参考：https://ics.media/entry/220217/

① オートレイアウト機能で自動調整可能にする

「オートレイアウト」とは、余白やレイアウトをあらかじめ設定し、サイズやテキスト量が変わったときに自動で調整させる機能です。さまざまな画面幅に応じてパーツの幅を合わせたり（**図5.12**）、繰り返し展開するパーツを自動で配置したりします（**図5.13**）。

図5.12　オートレイアウト機能でパーツの幅を合わせる注5.5

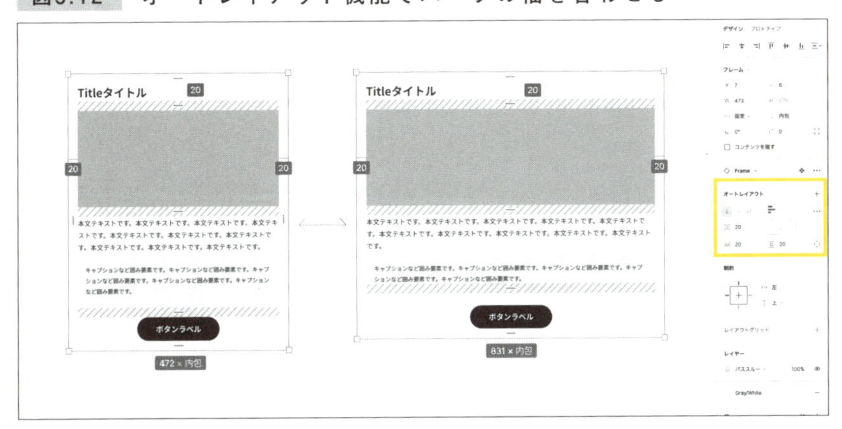

図5.13　オートレイアウト機能で繰り返し展開するパーツを自動で配置する注5.6

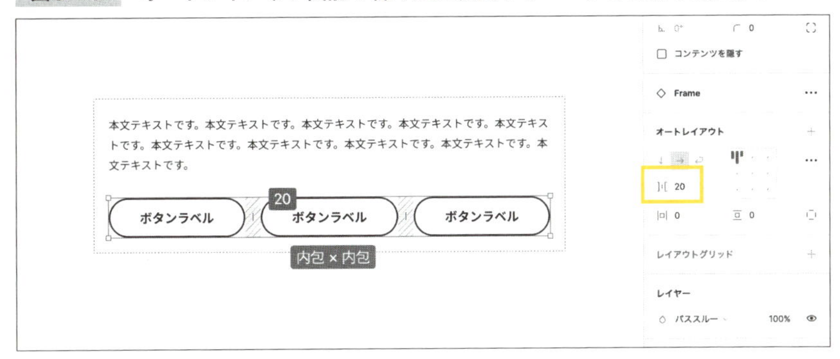

オートレイアウトを設定したい要素を選択して右側のサイドバーのオートレイアウトパネルにある「+」を押すか、次のショートカットキーを使用します。

注5.5　参考：https://tagnote.net/figma/auto-layout/
注5.6　参考：https://archeco.co.jp/news/figmalesson_5

- macOS：Shift+A
- Windows：Shift+A

オートレイアウトを適用すると、右サイドバーにオートレイアウトの設定パネルが展開されます（図5.14）。そこからオブジェクトが配置される向き、要素の位置、余白の設定や関連する細かい設定を行います。

図5.14　オートレイアウトの設定パネル

オートレイアウトは非常に汎用性の高い機能なので、最初に覚えると作業効率が上がります。

②バリアント機能でコンポーネントのバリエーションを管理する

オートレイアウトの使用で柔軟性のあるコンポーネントが作成できましたが、このままではステータスごとに複数の同じようなコンポーネントができてしまい管理が難しい状態です。

そこで「バリアント機能」を活用します。類似するコンポーネントをひとつのグループとして整理することにより、コンポーネントライブラリから簡単に必要なものを探せるようになります。インスタンスを選択した状態で右サイドバーを操作することで、バリアントとして結合されたパーツへ切り替えます（図5.15）。

図5.15　バリアントの切り替え

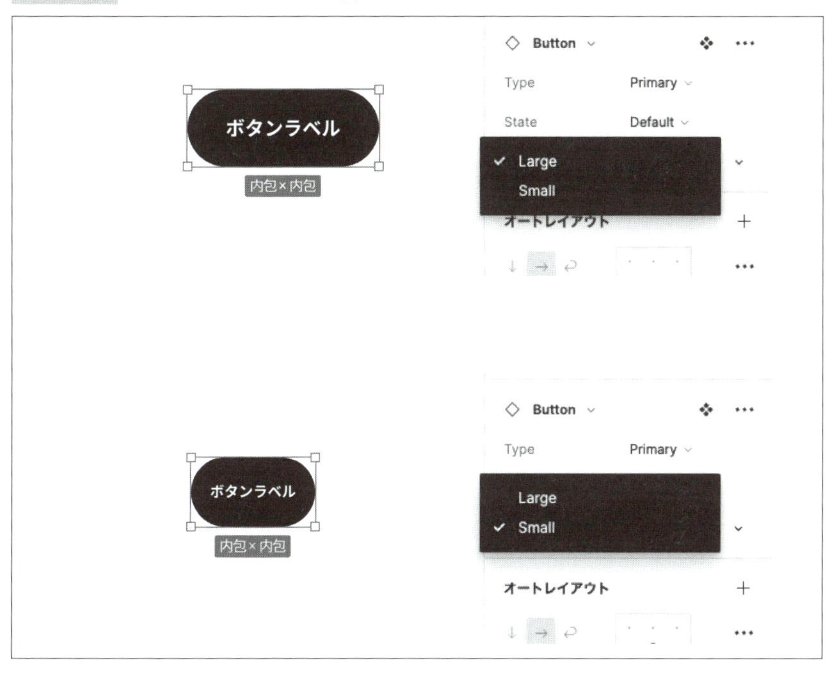

バリアントを適用できるのはメインコンポーネントのみです。

では、**図5.16**の2つのオブジェクトを試しにバリアント化しましょう。左がデフォルト時、右がホバー時のボタンです。

図5.16　バリアント化する前とした後

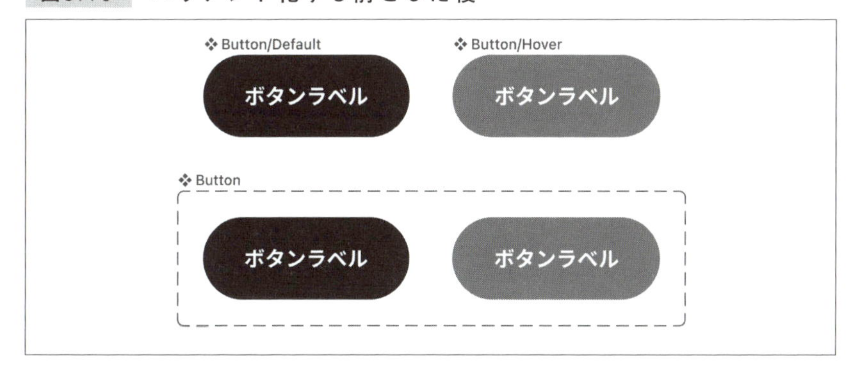

最初に命名規則に沿ってコンポーネント名をリネームしてください。今回は左をButton/Default、右をButton/Hoverとします（図5.16上）。

次にそれぞれを選択した状態で右サイドバーの「バリアントとして結合」をクリックすると、紫色の破線で要素が囲われバリアントが適用された状態になります（図5.16下）。コンポーネント名をスラッシュで区切ると階層が作られ、先頭の要素がコンポーネント名に、それ以降はバリアントプロパティの値に変換されます。

細かい設定は右サイドバーの「プロパティ」から行います（**図5.17**）。今回は基礎的な命名規則の整理を紹介します。

図5.17　バリアントのプロパティ編集パネル

バリアントプロパティは「名前」と「値」で構成されており、「名前」はプロパティの種類を示し、「値」はその状態を表します。今回は「名前」に「Status」、「値」に「Default」と「Hover」を設定しました。これでインスタンスの状態をわかりやすく管理できるようになりました。

応用すると、**図5.18**のように複雑なものも整理できます。

図5.18　バリアントで複雑な構成を整理する

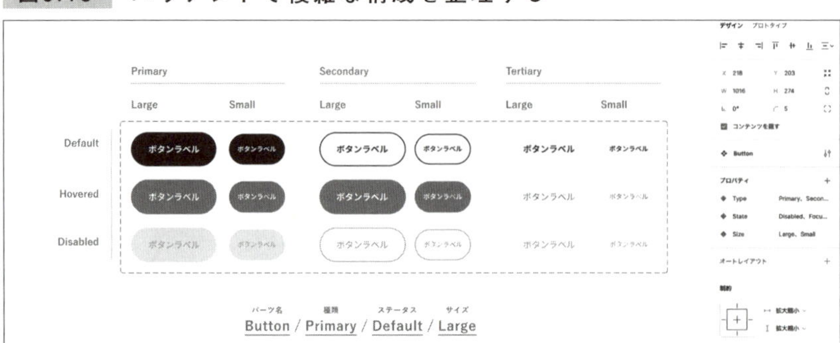

ほかにもステータスをオンオフで切り替えたり、要素の出しわけをコントロールしたりと細かい機能が多くあります。

③チームライブラリ機能でほかのファイルでも利用できるようにする

これで、ライブラリとしての基本的な整理が完了しました。これらにチームライブラリ機能を適用させることで、ほかファイルへのリンクが可能になります。なお、チームライブラリ機能はFigmaの有料プランで利用できる機能になります。Figma公式サイトでプランを確認してから利用を検討しましょう。

チームライブラリとして公開したいファイルを開き、左カラムの「アセット」を選択して本のアイコンを選ぶとライブラリモーダルが現れます。または次のショートカットキーを使用します。

- macOS：Option+3
- Windows：Alt+3

「現在のファイル」が選択された状態で「公開」ボタンをクリックすると公開の対象になるコンポーネントやスタイルの一覧が表示されます（図5.19）。

図5.19　ライブラリモーダル

第5章 デザインシステムの導入

チェックが入っているコンポーネントやスタイルがライブラリとして公開されるので、作業途中やまだ公開したくないものはチェックを外しましょう。公開するコンポーネントやスタイルが確定したら右下の「公開」ボタンを押すとライブラリとして公開されます。

続いて、公開したライブラリを実際に使用してみましょう。

アセットを挿入したいファイルを開き、公開と同じ手順でライブラリモーダルを開きます。「自分のチーム」を選択すると先ほど公開したライブラリのファイルが表示されます。「ファイルに追加」をクリックすると左サイドバーの「アセット」のなかにライブラリがリスト形式で表示されます（**図 5.20**）。

図5.20　アセットのライブラリ一覧

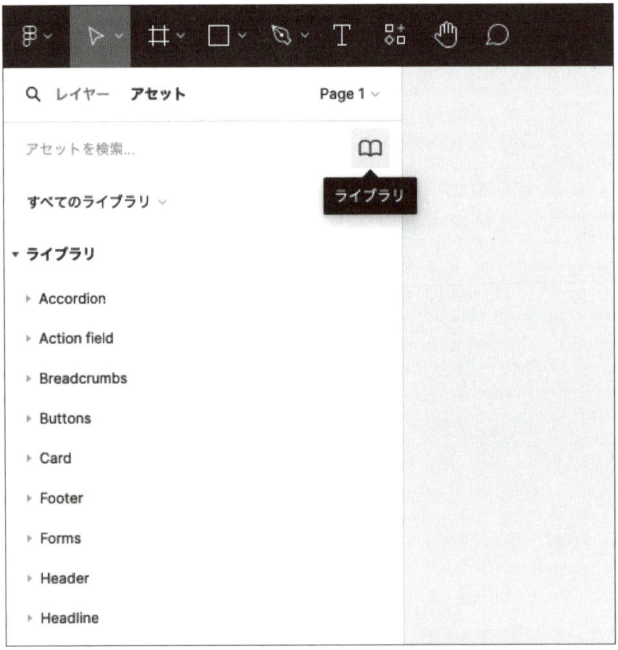

リストの階層は一番上にライブラリのファイル名、その次にページと呼ばれるファイル内の階層が表示されます。さらにページを開くとコンポーネントやスタイルが表示されます。ライブラリファイルを整理するときは、この構造を理解しながら行うとよいでしょう。

バリアントとコンポーネントの使い分け

バリアント機能は非常に便利ですが、むやみに使用すると不便な場合もあります。バリアントとコンポーネントの性質を理解して使い分けると有効に活用できるでしょう。

バリアントはインスタンスの「状態」を、コンポーネントはインスタンスの「種類」を切り替えるものです。**図5.a** を踏まえると、ボタンのDefaultとDisabledは状態を切り替えるのでバリアントを適用し、ボタンとフォームの関係は種類同士の切り替えなので、それぞれ独立したコンポーネントのままにします。

図5.a：コンポーネントとバリアントの違い

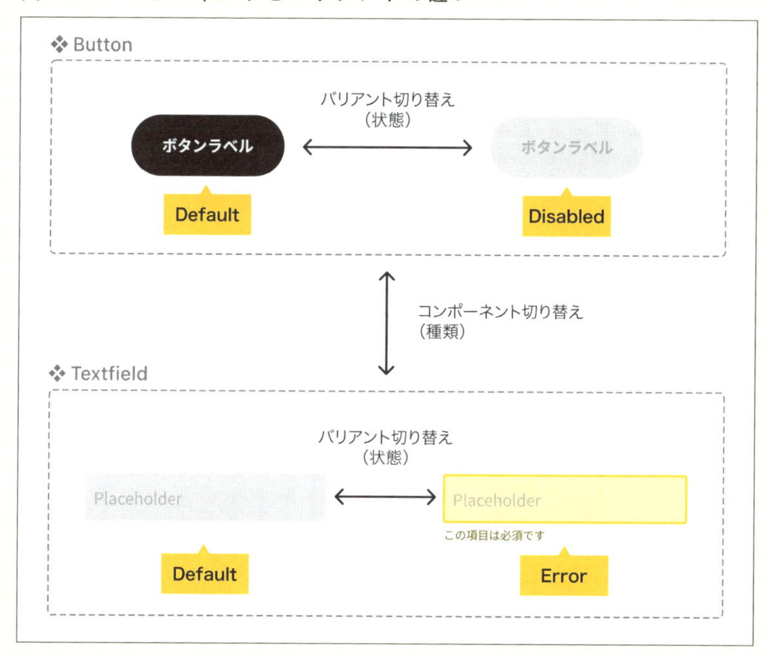

Figmaのアップデートと新機能について

Figmaはアップデートにより常に新機能が追加されているため、合わせてデザインシステム運用の変化も求められます。対応するには小まめなキャッチアップやインプットが不可欠です。SNSやWeb上では非常に多くの知見が共有されていますが、ここでは公式が提供している主要なキャッチアップ場所を紹介します。

Figmaの公式X（旧Twitter）

アップデート情報のほかにも有識者のTipsの共有やプラグイン、ウィジェットの紹介もされています。本社のアカウントは英語ですが、日本法人の公式アカウントFigma japanも運営されています。

リリースノート

Figmaの公式サイトから閲覧が可能です。Xでは紹介されていない細かなアップデートが紹介されています。

Figma community

ユーザーがプラグインやファイルを公開できるFigmaの公式スペースで、Figmaユーザーならだれでも参加が可能です。プラグイン、ウィジェット、デザインファイルなどを自分のファイルにダウンロードして使用できます。Material Designなど本書で紹介したデザインシステムの一部はここから閲覧できます。

また新機能が追加されたときは、Figma公式の教材が無料で公開されます。

Figma Learn

Figma公式が運営しているサイトです。機能の使い方やFigmaに必要な知識が網羅されています。

新しい機能に出会うと魅力的に感じますが、すべてを取り入れる必要はありません。現在の状況や関係者への影響、アップデートのコストなど総合的に考えて、あるべき形を模索しながら柔軟に対応していきましょう。

Figmaの機能を活かしたわかりやすいガイドライン作り

「わかりやすいガイドライン」はチームやプロジェクトによって異なります。たとえば､デザインシステムをチーム内外問わずだれが使うのかや､チームの規模やデザインの習熟度などによっても異なりますし、プロジェクト独自の視点が盛り込まれているためにガイドラインの記載のしかたに工夫が必要な場合もあります。

本書ではFigmaの機能を活かした方法を紹介しますが､利用するメンバーによっては、ほかのツールを検討してもよいかもしれません。ここでは、どんなデザインシステムにも共通する基本的な整備方法を見てみましょう。

取り扱い方法を明記する

デザインシステムの冒頭に目的や使用方法が記載されている「取り扱い説明書」を作ると、デザインシステムの立ち位置がわかり、新規参画者でもどう活用すべきかがわかりやすくなります。また、デザインシステムが作られた背景やきっかけを書いておくことで、組織内だけでなく、閲覧可能なすべての関係者にデザインシステムの存在意義がわかりやすくなります。

このように、「取り扱い説明書」はデザインシステムの公開範囲やだれがどのように利用するのかを考えて作成しましょう。

Figmaで整備する場合は、すでに紹介した「ページ」機能の1つを取り扱い説明書のページにすることをおすすめします（**図5.21**）。

図5.21　取り扱い説明書ページ

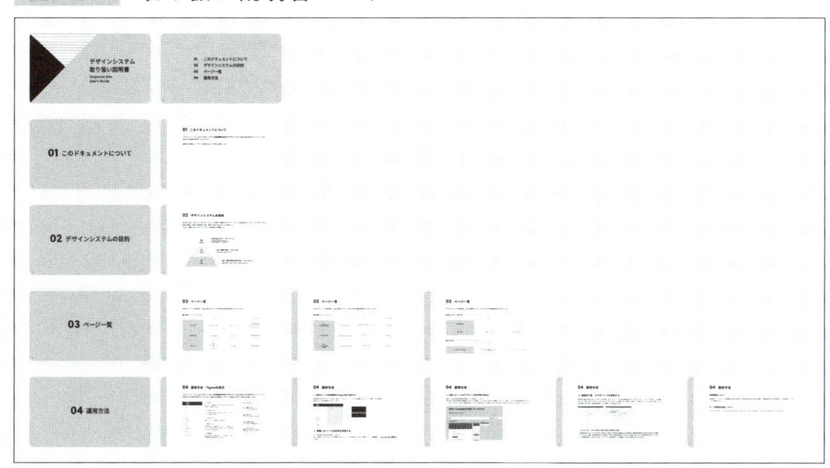

アクセスしやすく構成する

まとまったドキュメントやリソースがどのくらいあるかによって異なりますが、以下のように構成要素ごとにまとめるのはひとつの手です（**図5.22**）。前述した取り扱い説明書のページも含めましょう。

- **取り扱い説明書**
- **理念**
- **デザインコンセプト**
- **スタイルガイド**
- **コンポーネントライブラリ**
- **アセットとリソース**
- **ワークフロー**

図5.22　アクセスしやすい構成

このように分けることで、第4章で解説した設計思想にも沿った構成になります。

ワークフローなどは別のドキュメントでも管理できますが、重要なのは、初見でもアクセスしたい情報にすぐにたどり着けることです。どのドキュメントも、いつでも見返せる場所に置いておくのがよいでしょう。

スタイルガイドやコンポーネントライブラリなどの各構成要素内のまとめ方も同様です。カテゴリごとにフレームを分け、それぞれに更新日を記載すると、アップデートした部分がわかりやすく一覧性も高いため、参照したいカテゴリにすぐにたどり着けます。

Figmaで整備する場合は、オートレイアウト機能を使って画面を構成すると更新も容易です（**図5.23**）。

図5.23　Figmaを使って整理する

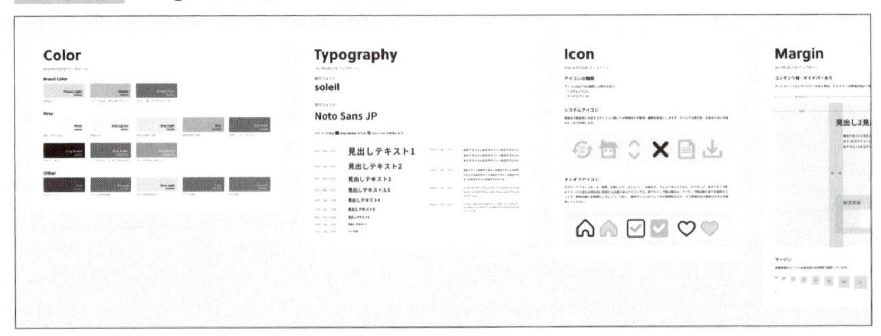

設計思想を伝える

第4章の「堅牢さと柔軟さ、どちらを優先する？」で述べたように、デザインシステムの方針はチームやプロジェクトによって異なります。デザインシステムの一貫性を維持するためには、その方針を全員が正しく理解したうえで使用しなければなりません。そのためには、デザインシステムの文章を端的でわかりやすいものにするだけでなく、ガイドラインのまとめ方にも工夫が必要です。

たとえば、UIパーツは分類の概要やデザイントークンの説明、使用用途などをドキュメントに残しておくことは重要です（**図5.24**）。

図5.24　設計思想を伝える説明

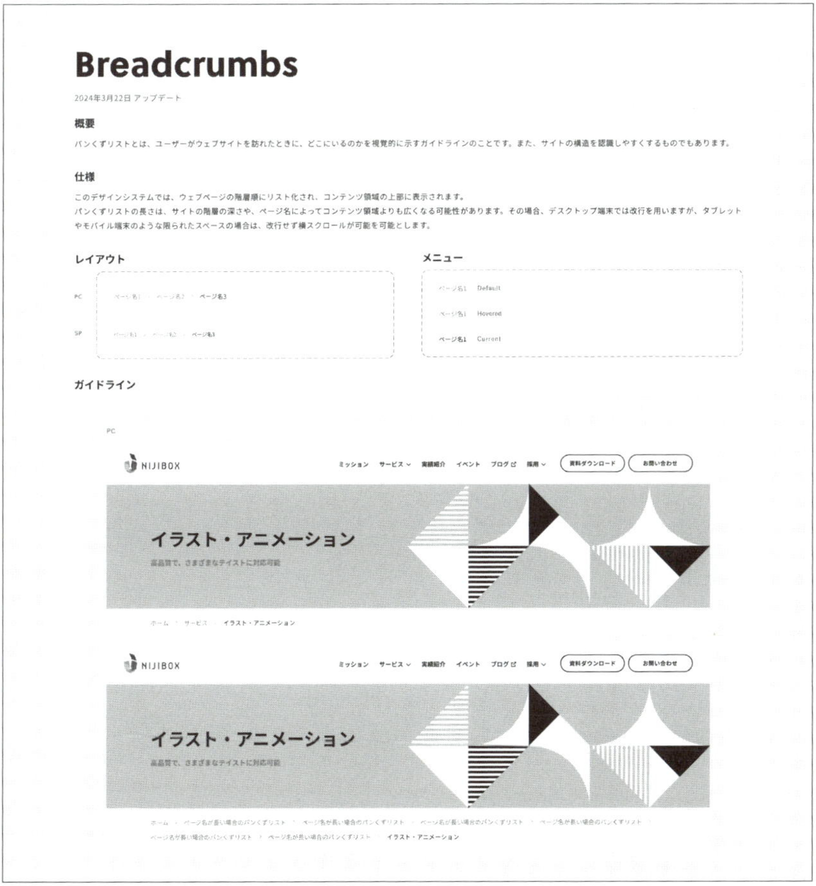

Breadcrumbs

2024年3月22日 アップデート

概要

パンくずリストとは、ユーザーがウェブサイトを訪れたときに、どこにいるのかを視覚的に示すガイドラインのことです。また、サイトの構造を認識しやすくするものでもあります。

仕様

このデザインシステムでは、ウェブページの階層順にリスト化され、コンテンツ領域の上部に表示されます。
パンくずリストの長さは、サイトの階層の深さや、ページ名によってコンテンツ領域よりも広くなる可能性があります。その場合、デスクトップ端末では改行を用いますが、タブレットやモバイル端末のような限られたスペースの場合は、改行せず横スクロールが可能を可能とします。

レイアウト

PC　ページ名1　ページ名2　ページ名3
SP　ページ名1　ページ名2　ページ名3

メニュー

ページ名1　Default
ページ名1　Hovered
ページ名1　Current

ガイドライン

PC

NIJIBOX　ミッション　サービス　実績紹介　イベント　ブログ　採用　資料ダウンロード　お問い合わせ
イラスト・アニメーション
高品質で、さまざまなテイストに対応可能
ホーム　サービス　イラスト・アニメーション

NIJIBOX　ミッション　サービス　実績紹介　イベント　ブログ　採用　資料ダウンロード　お問い合わせ
イラスト・アニメーション
高品質で、さまざまなテイストに対応可能
ホーム　ページ名が長い場合のパンくずリスト　ページ名が長い場合のパンくずリスト　ページ名が長い場合のパンくずリスト　ページ名が長い場合のパンくずリスト
ページ名が長い場合のパンくずリスト　ページ名が長い場合のパンくずリスト　イラスト・アニメーション

Figma であれば、データ内にドキュメントを含めることができるので、デザインシステムを利用するときに同時に確認できます。また、注意すべき使用方法は正誤の例を付けるなどするとより伝わりやすくなります。

このとき、誤った使用方法に対する代替案がある場合は、記載しておくとより丁寧でわかりやすいガイドラインになるでしょう（**図 5.25**）。

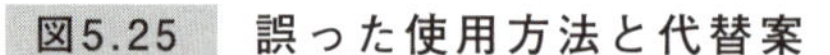
図5.25 誤った使用方法と代替案

ほかにも、外部のチームやプロジェクトのガイドラインを参照して定義されたパーツや、ダイアログなどで OS 標準パーツを使用した場合は、更新や新規参加者のために参照元を記載しておくと経緯が確認でき便利です。更新によって非推奨になったパーツやルールなどがある場合も、その経緯を残すとよいでしょう。

さらに、**図 5.26** のように各パーツの名称をガイドラインに記載し、統一することでチーム内での認識のズレを防いだり、未定義または暫定的な定義がある場合は、ガイドラインにどのように残すかを決めたりしてもよいでしょう。

運用のしやすさはチームやプロジェクトによって異なるので、メンバー間でよく話し合って進めることが大切です。

図5.26　パーツの名称を明記する

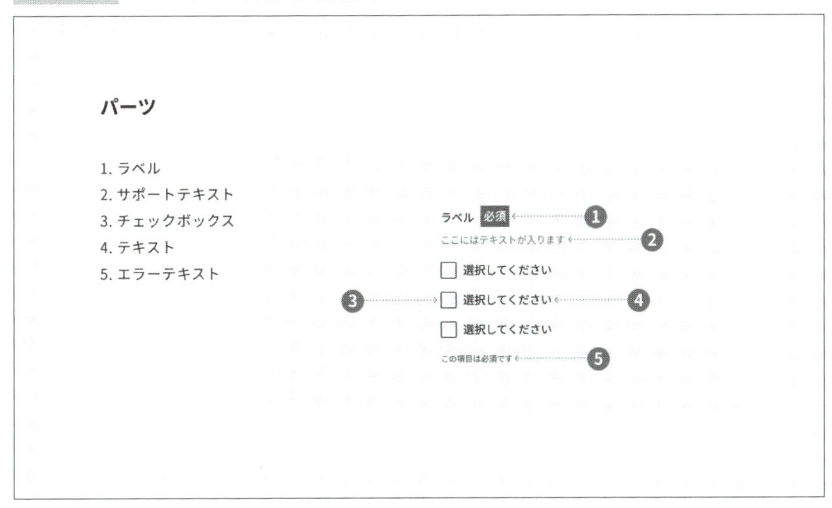

第5章 デザインシステムの導入

エンジニアとスムーズに連携するためにできること

エンジニアとスムーズに連携するためには、認識の齟齬を防ぐことが大切です。そのためにデザイナーができることの例を、Figmaでのデータの作り方とコミュニケーションの面で紹介します。もちろんほかのツールを使う場合にも根本の部分は同じですので、ぜひ参考にしてみてください。

データの作り方

Figmaでは、無料の閲覧権限があればカラーやテキストスタイル、オブジェクトサイズなどを右サイドパネルで見ることができます。ここでは無料プランで見た場合を例に説明していきます。

パターンと差分が分かるようにまとめよう

エンジニアはコンポーネントを実装するとき、共通化できる部分をまず探します。次にそれぞれの見た目や使用用途の差分を把握して、コードの設計を組み立てていきます。そのためコンポーネントライブラリは、コンポーネントのパターンや差分が網羅されており、見やすくまとめられていることが大切です。

たとえば本章で作成したボタンコンポーネントのように、バリアントを活用してプロパティの値を記載しておくことも効果的なアプローチのひとつです（**図5.27**）。

これによって、エンジニアは「ボックスのなかにテキストがある点は共通だな」「プライマリ・ノーマル・テキストの3パターンがあるな」「それぞれ2種類のサイズがあるな」「ホバー、フォーカス、非活性時のパターンがあるな」といった構造を理解できます。

図5.27 プロパティの値を記載する

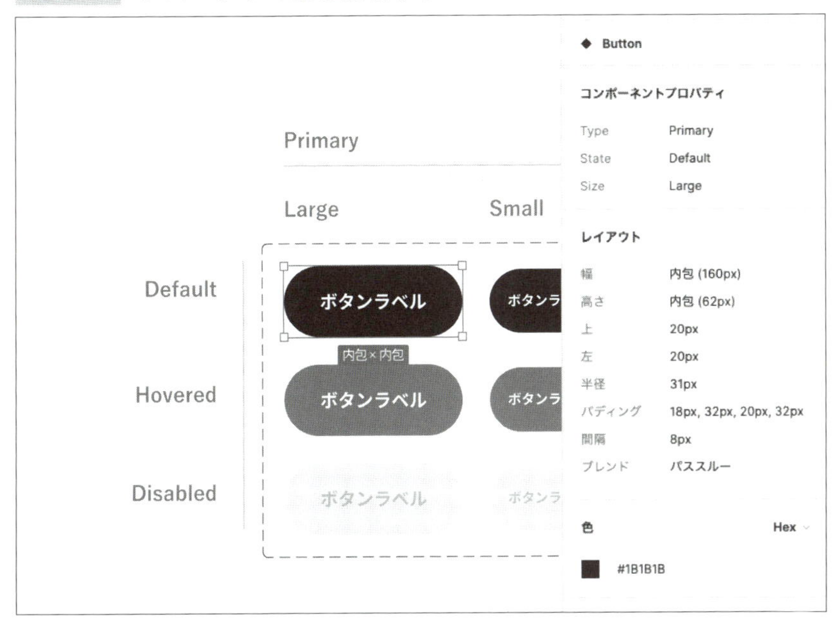

コンポーネントの命名をできるだけ実装に合わせよう

Figmaの右サイドパネルに表示される値をコピーし、コードにペーストして使う人がいるかもしれません。そのため、実装作業がスムーズになるように、コンポーネントの名称はエンジニアと相談して決めることをおすすめします。

たとえば、実装済みのコンポーネントファイルから、アイコンを特定のページに読み込んで使うときのことを考えてみましょう。

もし**図5.28**のように実装済みのコンポーネントは「icon_clip」、Figma上のコンポーネントは「icon-heart」と命名されていると、コードとFigmaで名称が異なっているので、すでに実装されたものと同じアイコンは表示されません。バリアントのプロパティや、カラーの値についても同様のことが起こり得ます。

図5.28　コンポーネントの命名がズレていると……

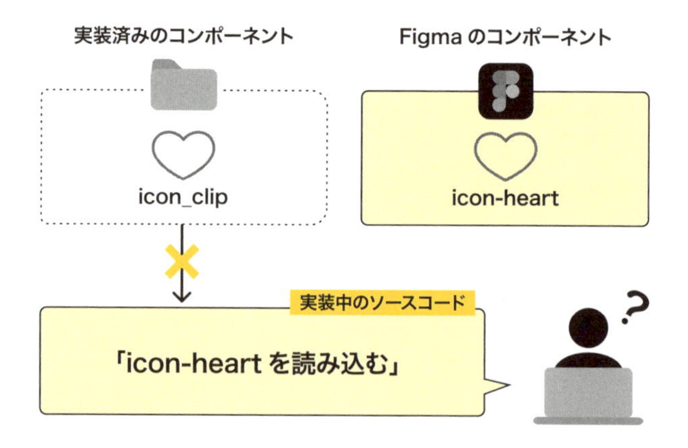

命名規則の考え方については4章で、プロパティの指定方法については本章で解説していますので、あらためて参照してみてください。

固定・可変の箇所がわかるようにしよう

図5.29 の2つのコンポーネントは、見た目は同じですがオートレイアウトの指定方法が異なっています。

図5.29　オートレイアウトの有無が異なるコンポーネント

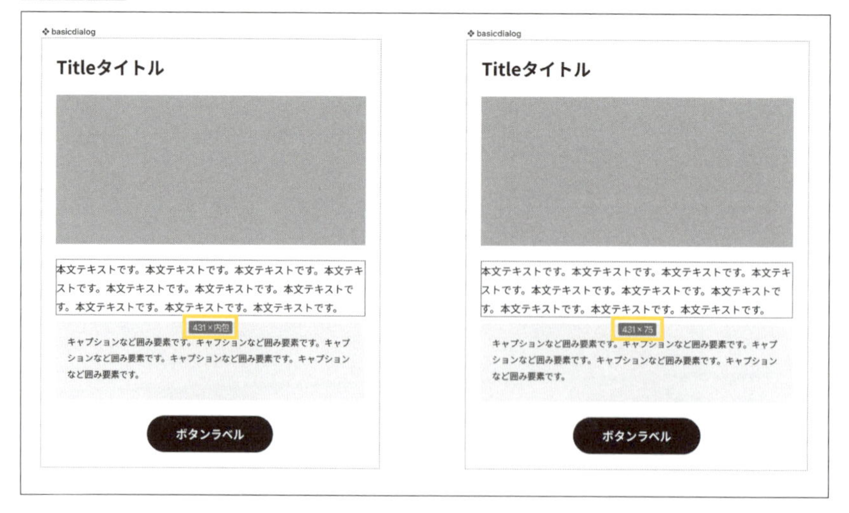

図5.29左のようにオートレイアウトをきちんと指定しておくと、幅は「100%」に、高さは「Auto」に値が変わり、エンジニアは「テキストボックスの幅はダイアログの幅に依存し、高さは文字数に依存するんだな」と理解できます。

一方、図5.29右はオートレイアウトを指定せず作られており、テキストの高さと幅が固定されています。この状態では、たとえばテキストの文字数が増減したときにテキストボックスやダイアログ全体の高さが変化するのかどうか、エンジニア側で判断ができません。

オートレイアウトの活用は、作業効率を上げるだけでなく、デザイナーが手動で調整することによるミスを防いだり、エンジニアとのコミュニケーションコストの削減にもつながります。

また、オートレイアウトの設定だけでなく、**図5.30**のようにどこが固定・可変なのかを補助的に記載しておくと、エンジニア含めだれが見てもコンポーネントの仕様をすぐに把握できます。

図5.30 サイズが可変かどうかを明記する

コミュニケーションの進め方

上記のようなデータの工夫によって事前に防げることもありますが、どうしても予期せぬ課題は生まれます。そういうときは、チームで地道に会話を重ねてひとつずつ解決していきましょう。どのようなケースが起こりやすく、どう解決するか、具体的な例を紹介します。

デザインルールの変更を伝えられていなかった

まずは、以下のような背景で課題が生じたケースです。

- **もともとテキストリンクのFigmaコンポーネントは上下のパディングを含めずに作られていた**
- **その後、「テキストリンクは誤ってほかのリンクをタップしないように、上下に4pxのパディングをつける」というデザインルールが生まれた**

ここで、Figmaコンポーネントの更新漏れと新しいルールの周知が漏れてしまうとどうなるでしょうか。デザインと実装ともに担当者や画面によってパディングの有無や上下マージンの取り方に差が生じてしまうでしょう。

こうした場合には、たとえば以下のような解決策が考えられます。

- **デザイナーとエンジニアそれぞれの担当者どうしで今後の対応方針を話し、「すでに実装されている画面はパディング調整のためだけに工数を確保して修正しない」と決めて、パディング追加が未反映の箇所をまとめる**
- **新しいデザインルールとその目的、上記方針をチーム内で再度周知する**
- **Figmaコンポーネントにパディングをつけ、デザインガイドラインも修正する**
- **未反映の箇所については、同じ画面で更新がある場合に併せて対応してもらうこととする**

コンポーネントの変更による影響範囲を考慮できていなかった

アイコンのデザインが変わったときに、エンジニア側で管理しているコンポーネントの画像の差し替えをデザイナーから依頼したとしましょう。しかしこのとき、エンジニア側のコンポーネントの管理方法の都合で、意図しない画面の画像まで全て差し替わってしまうという事態が生じてしまいました。

この場合はどうすればよいでしょうか。たとえば以下のような解決策が考えられるでしょう。

- **エンジニア側のコンポーネントでは古いアイコンも残し、新しいアイコンは別の名称を付けて追加する**
- **エンジニアチーム内で古いアイコンは使わない旨をドキュメントに記載する**
- **デザイナーがその経緯をアイコンのガイドラインにも記載し、本番ページで古いアイコンを見た人が疑問を抱かないようにする**

後になってデザインルールの考慮漏れに気づいた

最後は、デザインルールの考慮漏れの事例です。たとえば、モーダルの高さの上限をデザインルールとして決めていなかったとしましょう。そして、モーダル内のコンテンツが多くなると画面から見切れてしまうことに後から気付くことになってしまいました。

そんなときには、以下のように解決していくのがよいでしょう。

- **デザイナーとエンジニアで会話し、その案件を機にモーダルの高さの上限を決める**
- **デザインガイドラインにもルールを追記し、チーム内で周知する**

いずれも愚直な方法に見えるかもしれませんが、複数のメンバーが同じ認識を持ち続けることはとても難しく、特効薬のような解決策はありません。データの作り方もコミュニケーションも、ひとつひとつは小さな工夫かもしれませんが、これらを続けることがなによりも大切です。

普段からデザイナーだけでなくエンジニアの意見も取り入れ、信頼関係を築くことで解決策も見つけやすくなります。次の第6章では、デザインシステムの更新を進める仕組み作りについても触れています。

COLUMN

新機能「開発モード（Dev Mode）」

「開発モード」は2023年6月にベータ版として発表された新機能で、翌年2月より有料化されました[注5.b]。エンジニアがデザインを効率よく確認し実装を進めるための機能が無料プランよりも充実しており、本書の出版時点では以下のような機能が搭載されています。

- **ブラウザの検証ツールのようにデザインの数値を見ることができる**
- **Jira、GitHub、Storybookなどの外部ツールと連携できる**
- **Visual Studio Code向けの拡張機能でデザインファイルをテキストエディターに取り込める**
- **デザインの変更履歴や差分を比較できる**
- **デザインの仕様やサイズのメモを作成できる（アノテーション機能）**
- **プラグインを使い、HTML、React、Tailwindなど選択したフレームワークでコードを生成できる**

これにより、特にデザインシステムを運用しているチームにとってはデザイナーとエンジニアの連携がよりスムーズになるでしょう。今後も公式の最新情報を常にチェックしておくことをおすすめします。

注5.b　https://www.figma.com/ja/blog/dev-mode-ga/

第6章

デザインシステムの運用

デザインシステムは、しばしば「生き物」にたとえられるほど、常に変化し続けていくものです。

デザインシステムは一度設計すれば長い期間運用できますが、導入して終わりではありません。組織に浸透させずに放置したままでは、その価値を充分に発揮できません。

新しくコンポーネントを作成したり、エンジニアチームとのすり合わせで生じた課題を解消したり、プロダクトの成長や世の中の変化に合わせて、アップデートを繰り返していく必要があります。

本章では、作成した後のデザインシステムをどのように運用していけばよいかについて、「担当者決め」「見直し」「更新」「周知」といったフローに分けて紹介します（**図 6.1**）。

図6.1　デザインシステム作成後の運用

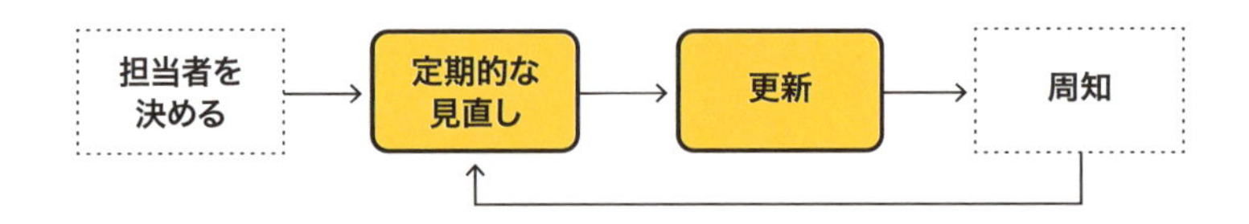

担当者を決める前に、まずは運用として定常的に発生する「定期的な見直しと更新」「更新したことの周知」について理解しておきましょう。どんな方法があるのか、どんな考え方が必要なのかを解説していきます。

見直しと更新のタイミング

デザインシステムに定期的に見直しが必要な理由は、なにより形骸化してしまう恐れがあるからです。そうならないためにも、あらかじめ日常的に見直していくことは有効です。また、どこかのタイミングで計画的に見直したいといったこともあるでしょう。まずはそういった見直しと更新のタイミングについて考えていきましょう。

形骸化を防ぐ

デザインシステムが形骸化する理由には、内的要因と外的要因があります。陥りやすいパターンをあらかじめ把握しておきましょう。

内的要因として多いのは、作成したデザインシステムの定義が抽象的だったり、更新が滞ったりした結果、いつの間にかよく似た別のデザインパーツを作成してしまうパターンです。ほかにも、開発が進んでいくなかで矛盾が生じたり、実装画面との乖離が発生したりすることで、デザインシステムは少しずつ古くなっていきます。

外的要因としては、ユーザーが使用するハードウェアの変化があります。たとえば、スマートフォンが登場してから、もっとも身近なインターネットデバイスはパソコンからスマートフォンへと移り変わりました。そんなとき、パソコンの画面をそのまま表示してしまうと、文字やボタンが小さすぎて見えにくかったり、画面の右端が切れて横スクロールが発生してしまうなど、非常に使いにくいサイトとなってしまいます。スマートフォンやパソコンなどあらゆるデバイスに対応するレスポンシブ対応が常識となったことで、デザイナーが考慮すべきことは年々増えています。

また、アクセシビリティ対応の重要性が浸透したことも大きな外的要因のひとつです。WCAG の基準[注6.1]を参考にエンジニアと相談しつつ進めていきましょう。

注 6.1　https://waic.jp/translations/WCAG22/

これらの観点からデザインコンセプトの見直しや改善は重要です。せっかく設計したデザインシステムの形骸化を防ぐためにも、継続的なサイクルで、現状を振り返る意識を持ちましょう。

直接の要因に目を向けるほかにも、形骸化しないための重要なポイントがいくつかあります。

- **デザインシステムについてのメンバーの理解度を揃える**
- **デザイントレンドのリサーチや共有を定期的に行う**
- **プロダクトの進むべき方向性を周知する**
- **デザインシステムの使用方法などを新規参画者向けに周知する**

これらを意識するだけでも、なんとなく取り組んでいた状態から、デザインシステムの運用が適切に機能し始めます。メンバーそれぞれが当事者意識を持ってデザインシステムと関われるように、工夫していきましょう。

日常的に更新する

軽微な課題であれば、日々の業務のスキマ時間などで相談しながら更新していくことが理想です。

そのためには、チームメンバーと普段から密にコミュニケーションを取っておくことが大切でしょう。更新業務が必要になるタイミングやその判断必要になってくるのかの判断や、チームでの課題の抽出とすり合わせ方の共通認識を持っておきましょう。

更新のきっかけ

新規コンポーネントが必要になったタイミングで更新するのはもちろんですが､｢完璧に設計した！｣と思っていても､デザインシステムの更新のきっかけはいくつかあります。

- **同じパーツなのにデザインや機能に差異がある**
- **運用フローが決まっていても更新が滞ってしまう**
- **実装画面との整合性を保ち続けることができない**

これらは一例ですが、気づいたら放っておけない課題が生まれていることはよくあることです。今ある課題が明確になっていない場合や、課題の原因がわからない場合は、第3章の「課題を洗い出す」を参考にしてみましょう。

ところで、課題を見つけたからといってメンバーが思い思いにデザインシステムを更新してしまうとどうなるでしょうか。

複数人でひとつのデザインを作っている場合やチームの規模が大きい場合などは、週次や隔週などの定期ミーティングを開催することで、情報を最新化し、不要な混乱を防げます。定例会では新規で追加したいコンポーネントや運用についての相談など、みんなで課題に対して意見を出し合うことで、相互の認識を揃えることができ、組織内の更新の意識も高まります。

更新の決定プロセス

主なステークホルダーはデザイナー、デザインリーダー、エンジニアですが、規模が変わっても意思決定のフローは大きくは変わりません。

たとえば、**図6.2**のような組織があり、あなたはそのなかのデザインシステムの推進担当のデザイナーだとします。まずは更新が必要かどうか、どのように変更するべきかをすり合わせましょう。この際、迷わず利用できるかどうかや、定義を狭めすぎて運用がしづらくならないかなどにも注意してください。

図6.2　意思決定プロセスの例

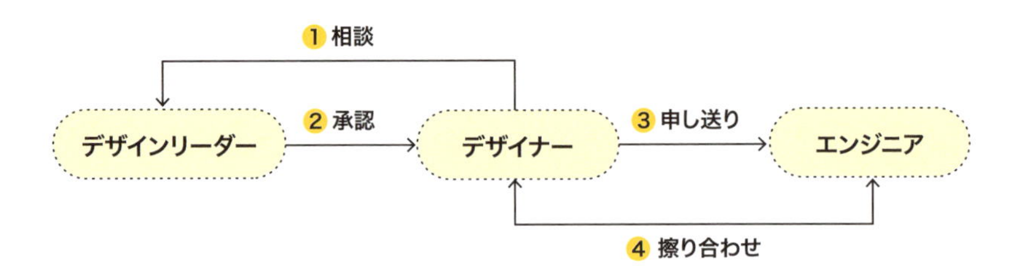

「現場のデザイナーの総意」として更新内容が決定したら、次にデザインリーダーに相談しましょう。なぜ更新するのか、更新した際のメリットデメリットはなにかなど、現場の運用観点から客観的な議論の材料を前もって準備しておくことが重要です。

デザインリーダーの承認を得たらエンジニアに向けて、更新の経緯と内容を簡潔に申し送りしましょう。その際にデザイナーの理想ばかりを押し付けることなく、エンジニアチームの理想もヒアリングし、双方が気持ちよく運用できるよう意識するとうまくいきやすいです。

大規模なプロダクトの場合でも、ステークホルダーは増えてきますが、主な進行方法は同様です。その場合は更新の決定プロセスに加えて体制図を作成し、どのような流れで確認を進めるのかを関係者全員を図で可視化しておくのがよいでしょう。

タスク管理の方法

軽微な課題は日々解消していきたいものではありますが、業務にスピード感が求められる現場では、すぐに対応できないことも多々あるでしょう。

その場合はチームメンバーがいつでも見られる場所に、課題を記録しておくことをおすすめします。タスク管理にはスプレッドシートなどで「ガントチャート」を作成するのがおすすめです。ガントチャートは一覧性が高く、案件全体を一目で見渡すことができます。

次のタスクを確認しつつ、現在のタスクも見失わずにすむため、全体の進行度が理解しやすく計画的に更新を進められます。これによりチーム内でのタスクがほかのメンバーにも可視化されるため、更新作業の偏りを防ぐことができます。

更新履歴の管理

更新後はだれが見てもわかるように文章化しておきましょう。

Figmaのコメント機能や履歴機能などを利用し、「いつ」「なにを」「どのように」対応したのかを明確にすることが重要になってきます。また、作業者の欄を用意しておくことで、それぞれが責任感を持って更新業務に携わるようになります。もし更新内容を変更したり、検討の結果、元に戻す場合でも、担当者に経緯を即座にヒアリングでき、スピード感のある対応が可能になります。

更新履歴をスプレッドシートなどの表管理ツールでまとめる場合も同様の方法で文章化しておくとよいでしょう。さらに更新内容の文章に紐づけて更新箇所のURLを一緒に掲載しておくと、スプレッドシートの一覧性を活用しつつ、記載されている内容の箇所に即座にアクセスできるためおすすめです。

また、更新履歴にスクリーンショットを添えておくと、はじめて見る人でも直感的に理解できるのがメリットです。更新履歴が文字の羅列になってしまうと、はじめて見るメンバーには少しとっつきにくい印象を与えてしまうかもしれません。スプレッドシートでまとめる場合もデザインシステムの一環として、見やすいデザインにすることや必要以上の情報を載せない（切り分けて記載する）などの工夫も重要になってきます。

たとえば、ある現場では**図6.3**のように日々の業務で発生した課題に対して、デザイナーがそれぞれやるべきことや経緯を共有シートに記載することで、ほかのメンバーに周知しています。更新が完了した際には、この表をアーカイブしていくことでToDoリストのようにタスク管理ができます。

図6.3　発生した課題を記載する共有シートの例

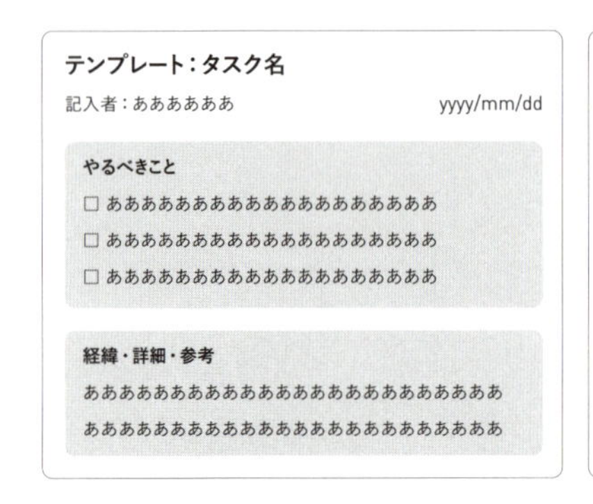

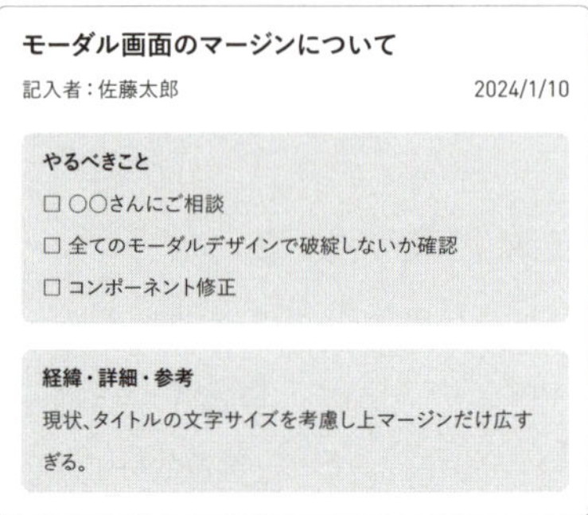

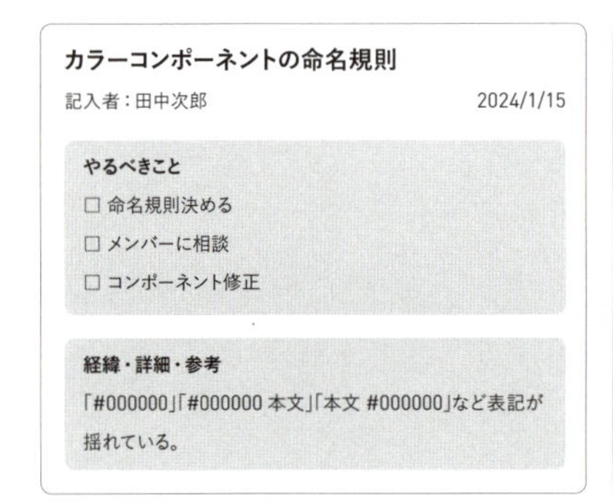

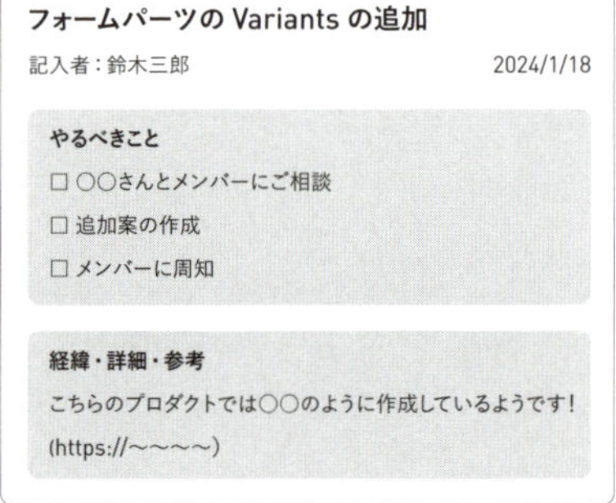

計画的に見直す

　更新内容が表層部分にとどまる場合は、スタイルガイドやコンポーネントライブラリだけを変更し、根幹部分に触れる必要はありません。しかし、プロダクトの中長期の構想を見据えた際には、表層も含めデザインシステム全体に関わる大規模な更新が必要になってきます。

　こうした根本的な見直しが必要になるケースとして、以下が挙げられます。

- **ブランドイメージの刷新**
- **体験設計の見直し**
- **アクセシビリティ基準の変更**

　こういった見直しを行う場合、既存のデザインシステムを更新するのではなく、新しく作り直すという判断に至る場合があります。そのような際には、新旧のデザインシステムをどのように共存・移行させていくのかを考えたり、画面やパーツに対してどちらのデザインシステムが反映されているのか可視化させる必要があります。

ほかにもプロダクトの将来像とは関係なく大規模な見直しが必要なタイミングもあります。

- **新しいデザインツールへ移行することになった**
- **デザインツールのアップデートに合わせた更新作業が必要**
- **増えすぎたコンポーネントたちを精査する**

これらは、スピードが求められる現場や、日常的に業務量が多い現場ではすぐに更新することが難しい場合がありますので、長期間で作業することになるでしょう。

普段から少しずつ作業が進められるように、チームの業務状況が落ち着いたときを狙って、運用計画を立てて実施していきましょう。

更新時の各職種の動き

デザインシステムの更新は、デザインだけでなく、既存のコードや起案中の案件など、多くの範囲に影響を及ぼすことがあります。まずは各職種の人にヒアリングし、影響範囲を明らかにしましょう。関係者には周知された内容を踏まえ、必要な行動を検討してもらいましょう。

以下に、各職種での分担例を紹介します。

デザイナー

デザイナーは、更新内容が現在進行中の案件にどのような影響があるかを把握し、必要に応じてデザインを調整します。各画面のマスターデータについてもレイアウト崩れや反映漏れがないかなどを確認しましょう。

影響範囲の規模によっては、段階的に時間をかけて反映するなど、慎重に動く必要が出てきます。更新時はBefore/Afterのデザインを共存させるなど、経緯をわかりやすくし、更新状況の把握に努めます。

また、更新の経緯や意図を理解し、次のデザイン提案時に考慮することも大切です。

エンジニア

エンジニアチームでは、業務フローや体制によっても異なるものの、変更に関わった担当者やレビュワー以外は、デザインシステムの変更が周知された段階で知ることがあります。

このような状況では、デザイナーと同じように、現在進行中の案件にどのような影響があるかを把握し、関係者と適切な対応について相談する必要があります。

そのほかの関係者

プロジェクトマネージャーやマーケティングチームなど、デザイン以外の部門も、更新が業務に与える影響を把握し、対応を検討する必要があります。これには、案件のスケジュール調整や、広告や販促物の見直しが含まれる場合があります。

更新を周知するしくみの整備

これまでは、定期的な見直しと更新の重要性について解説してきました。次は、デザインシステムの更新を効果的に周知するためのしくみについて考えてみましょう（図6.4）。

図6.4　デザインシステム作成後の運用

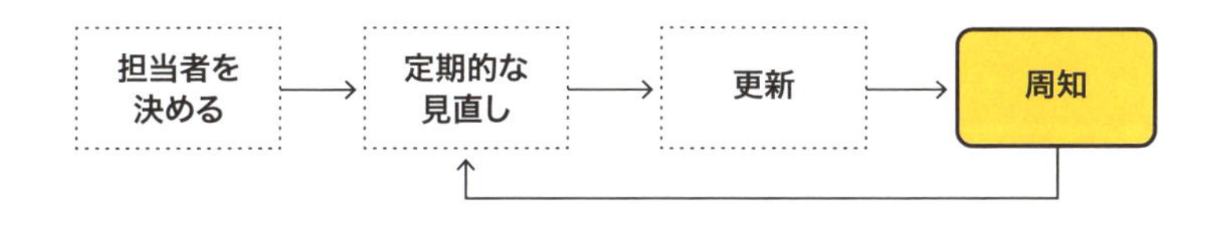

以下のステップを順を追って説明していきます。

1. 「更新を周知する目的」を言語化する
2. 「だれがだれに周知するか」を決める
3. 「周知するタイミング」を可視化する
4. 「周知の方法」を決める
5. 「周知の内容」を決める
6. 「周知のしくみ」を共有する

1「更新を周知する目的」を言語化する

前にも触れたように、デザインシステムを有効に活用し続けるためには、形骸化を防ぐための継続的な努力が必要です。周知の目的としては、主に2点あります。

一貫性の維持

周知を怠ると、関係者間で情報が共有されず、プロダクト全体の一貫性が損なわれます。更新内容をしっかりと伝え、全員が同じ基準で作業することは、ユーザーに一定の品質と操作感を保証し、プロダクトを快適に利用してもらえることにつながります。

業務効率の向上

更新情報をチーム全体が正確に理解することにより、やり直しや手戻りなど無駄な作業を減らすことができます。結果としてコストを節約することにつながります。

2「だれがだれに周知するか」を決める

デザインシステムの更新を周知する際は、プロダクトチーム内での役割と責任を明確にする必要があります。だれに情報を伝えるべきかを特定し、適切な方法でコミュニケーションを取ることが重要です。これによりプロダクト全体で周知のフローを維持できます。

「だれが周知するか」を決める

デザインシステムの更新は、作業に関わった主要メンバーが行うことが一般的です。デザインシステム運用の担当者がいる場合は、彼らが担当します。

「だれに周知するか」を選定する

周知する対象を特定するには、プロダクトの体制図を参照するとよいでしょう。役割や関係性がわかるため、だれに周知をするべきかの判断に使用できます。**図6.5**に一例を紹介しますが、デザインシステムの目的によっては、バックエンドエンジニアやカスタマーサクセスなどほかの職種が対象になることもあります。

図6.5　体制図の例

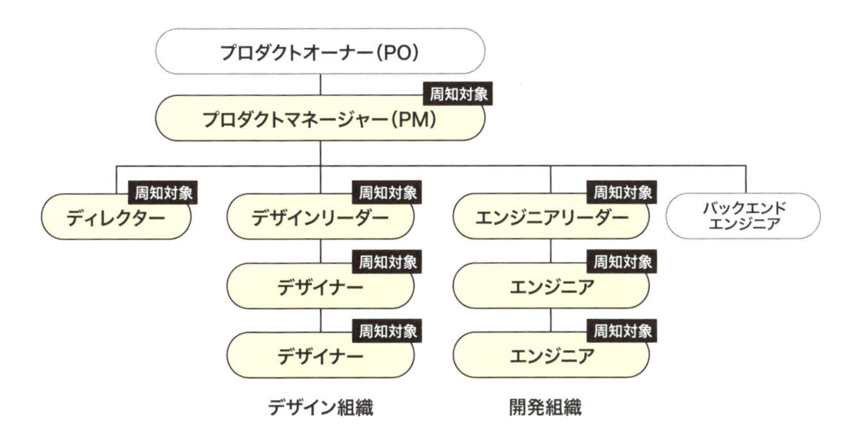

3「周知するタイミング」を可視化する

デザインシステムの更新を周知する際は、ワークフロー内で最適なタイミングを見極めることが重要です。たとえば、AB テストの結果が出る前に更新を周知してしまうと、混乱を招く可能性があります。逆に、周知が遅れると、進行中の案件に影響を及ぼし、スケジュールの遅れにつながることも考えられます。

すでに**図 6.6** のようなワークフロー図が存在するなら、それを参照して周知すべきタイミングを見つけましょう。ない場合は、プロダクトオーナーのような責任者に全体の流れをヒアリングし、可視化することから始めます。

図6.6　ワークフロー図の例

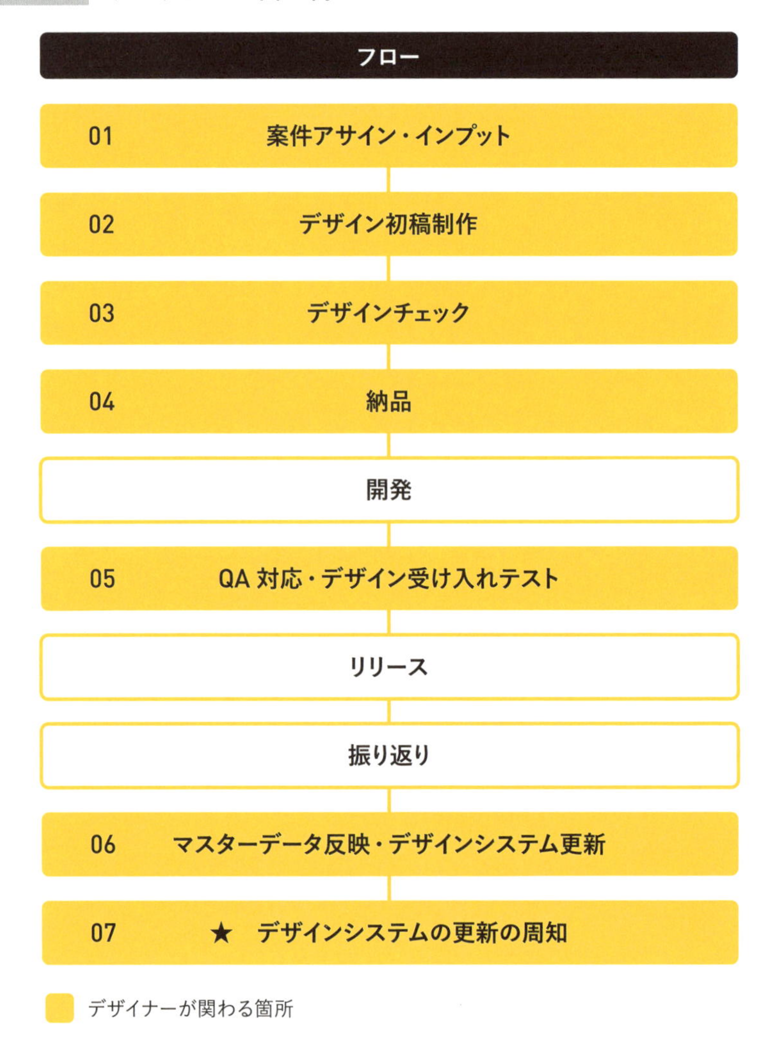

デザインシステムの更新をワークフローに組み込む際には、ガイドラインを変更したときや、ABテストの結果が出て本番反映をされるときなど、デザインが確定したタイミングや、リリースが確定した際に周知することが望ましいです。

一方で、大規模なリブランディングが完了した場合など、特殊なケースでは、通常のワークフローとは違うタイミングで周知することもあります。どのような方法がチームにとってもっとも効果的か検討しましょう。

④「周知の方法」を決める

デザインシステムの更新をどのように周知するかは、内容や目的によっても異なります。適切な方法やツールを用いることで、チーム全体が更新を迅速に把握し、正しく理解することにつながるでしょう。

コミュニケーションツールの活用

日々の業務でも利用しているSlackやMicrosoft Teamsなどのコミュニケーションツールを通じて更新を周知します。これらのツールはリアルタイムでの情報共有に適しており、チームメンバー全員に漏れなく周知ができます。特に、簡潔な更新内容や、文面でも理解しやすい情報の共有に最適です。

口頭での説明が必要な場合

一方で、更新内容が複雑であったり、チームメンバーへ与える影響が大きい場合は、定例会議や臨時会議にて、口頭で説明するとよいでしょう。相手の反応次第で補足説明を行い、わからない点をその場で質問してもらうことで、不明点が解消され正しく理解してもらえます。

漏れなく周知をするためのコミュニケーション

チームメンバーからなにかしらのリアクションをもらえれば周知が行き渡ったかを確認できます。スタンプ機能などを利用して、メンバーが更新内容を把握し、理解したことを確認しましょう。リアクションを促すことで、受け手もキャッチアップする意識が高まります。また、リマインドの目的でコミュニケーションツールと口頭の両方で説明をし、周知の確実性を高めるような工夫も有効です。

5「周知の内容」を決める

ここで重要なのは、認識の齟齬を防ぎ、理解できる周知を心がけることです。特に、情報が多く飛び交うなかで、全員が理解できるように、要点を明確に伝えることが必要です。冗長な表現を避け、決まったフォーマットで共有しましょう。

コミュニケーションを手軽にするフォーマット

Slack のようなコミュニケーションツールで更新情報を共有する方法を紹介します。更新内容を簡単に伝えられるよう、フォーマットをあらかじめ用意しておくと便利です。これによって、投稿が手軽になり、記載漏れも少なくなります。さらに同じ形式で情報が届くので、受け取る側も内容をすぐに理解できます。

図 6.7 がその例です。「# サービス名 -design-systems」というチャンネルを作成し、アナウンス場所として活用しています。

図6.7　Slackで周知する例

@channel
お疲れ様です。APPデザイナーの〇〇です。
APPチームに閉じた内容ですが、Wordingページを更新しましたので共有いたします。
よろしくお願いいたします。

＜更新内容＞
01_用語集＞名詞の「20.すべて（全て）」のAPP表記を変更
変更前：全て
変更後：すべて

＜更新履歴＞
https://~

＜きっかけになった案件＞
〇〇プロジェクトを機にWEB側の表現にそろえる

周知すべき内容

コミュニケーションツールを活用した場合も、口頭で説明した場合も伝えるべき内容は同じです。以下の 7 点を周知することをおすすめします。

1 更新内容

変更前と変更後を簡潔に示すことで、どのような部分が変更されたのかがよりわかりやすくなります。

2 更新箇所

口頭で説明する場合は、更新箇所を説明しながら画面を見せます。一方、コミュニケーションツールを使用する場合は、具体的な更新箇所（URL）を投稿に貼り付け、各自に確認してもらうことで、変更が加えられた部分を明確に理解してもらうことができます。

3 経緯

課題の背景やきっかけになった案件を提示し、変更に至った経緯を簡潔にまとめます。

4 変更意図

変更がなされた背景と経緯を踏まえて、どのような意図で決定したのかを説明します。また、内容の重要性と、特に注意してほしいポイントについても伝えます。

5 影響範囲と対応方針

更新と見直しの段階で洗い出した影響範囲に反映させるために、案件化や開発リソースの調整が必要になる場合があります。各職種が取るべき対応について事前に明確にしておくことが大切です。初期の周知段階ですべてが明確でない場合は、意見を募ることも有効です。また、更新が既存の画面に影響しない場合は、「既存画面への影響はありません」と一言添えると、より伝わりやすくなります。

6 担当者

更新の周知後、内容についてさらに詳細を知りたい場合や、追加の変更を提案したい場合は、経緯に詳しい人への問い合わせが必要になります。そのため、担当者や関係者の情報を記載することが大切です。

7 更新日

後で振り返ったときに、いつ更新が行われたかを簡単に確認できるよう、更新日を記録しておくことが大切です。現在進行中の案件に影響があるかを判断する際の基準にもなります。

アナウンス後は、内容に不明点や不足がないか広く質問を受け付ける姿勢をアピールしましょう。また、変更に関わっていないメンバーがはじめてこの内容を知る場合は、この記載内容で運用しづらくはないかという質問も投げかけるとより良いでしょう。

メンバー内に対話が生まれることでデザインシステムへの理解が深まり、より解像度の高い共通認識を持つことができます。

6「周知のしくみ」を共有する

更新を周知するしくみを作成したら、次は関係者に実際に運用してもらうことで、組織に浸透させていくことが次の目標です。運用の協力を依頼するために説明資料を作成したり、ミーティングで合意を得たりするとよいでしょう。

資料には、必ずしも情報がすべて揃っていなくてもかまいません。デザインシステム作成時に頻繁に関係者とコミュニケーションしていれば、不明瞭な部分だけをあらためて定義し、軽く認識を合わせるだけでもよいでしょう。

デザインシステムを設計することについては事前に合意を得ているため、ここでのポイントは運用においての決定事項を報告・確認してもらうことです。ミーティングの具体的な進め方については、第3章の「現場での合意形成」で詳しく解説しています。

具体的な記載例も以下に紹介しますので、参考にしてみてください。

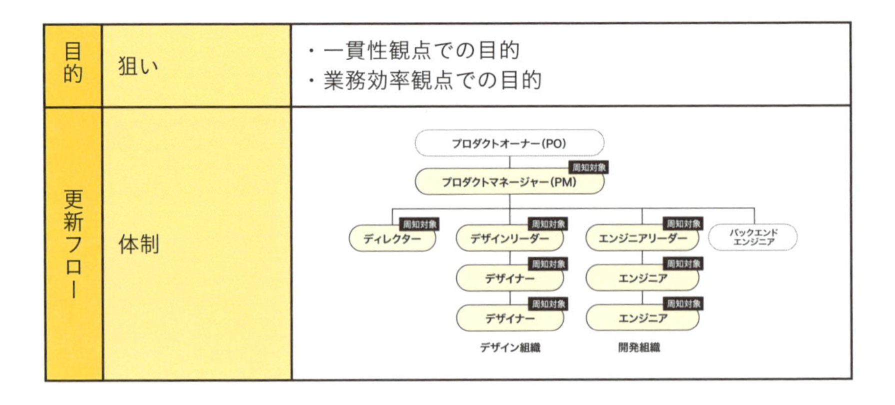

目的	狙い	・一貫性観点での目的 ・業務効率観点での目的
更新フロー	体制	（体制図）

更新フロー	対象者	・社内向け ・デザイナーと関係者のみが使用
	更新担当	・デザイナー
	周知場所	・Slackの「#サービス名-guideline」チャンネル ・週1回のデザインシステム定例会議"
	周知タイミング	フロー 01 案件アサイン・インプット 02 デザイン初稿制作 03 デザインチェック 04 納品 開発 05 QA対応・デザイン受け入れテスト リリース 振り返り 06 マスターデータ反映・デザインシステム更新 07 ★ デザインシステムの更新の周知 デザイナーが関わる箇所
	周知内容	Slackでの告知例 @channel お疲れ様です。APPデザイナーの〇〇です。 APPチームに閉じた内容ですが、Wordingページを更新しましたので共有いたします。 よろしくお願いいたします。 ＜更新内容＞ 01_用語集＞名詞の「20.すべて（全て）」のAPP表記を変更 変更前：全て 変更後：すべて ＜更新履歴＞ https://~ ＜きっかけになった案件＞ 〇〇プロジェクトを機にWEB側の表現にそろえる

デザインシステム運用の主体者

デザインシステムの運用には、担当者を充てる場合とそうでない場合があります。そうでない場合はデザイナーチームのメンバーそれぞれが運用するのが基本です。ここではより詳細なパターンについて解説します。

複数のプロダクトを横断して運用する場合

ひとつのデザインシステムが複数のプロダクトで展開されている場合、担当者を充てるのがよいでしょう（**図 6.8**）。一貫性の維持や、情報の一元管理によるブラッシュアップのしやすさなど、運用規模が大きくなればなるほど業務効率の向上という恩恵を受けやすいです。

図6.8　複数のプロダクトを横断したデザインシステム（担当者が1人）

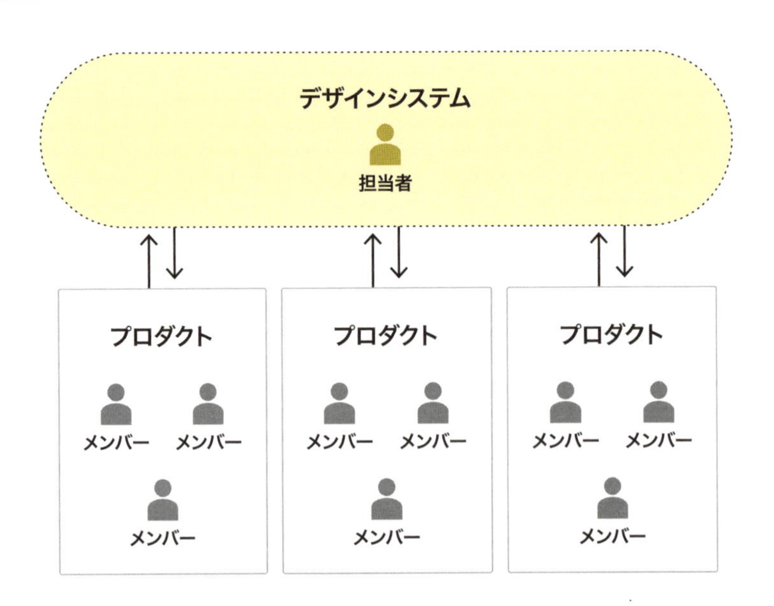

しかし、複数のプロダクトで同じデザインシステムを運用する場合、方針次第では担当者がひとりだけだと難しい場合があります。

たとえば、ブランディングに関わるトーン＆マナーは統一しつつ、BtoB向けとBtoC向けのプロダクトが混在している場合は、それぞれのプロダクトで色や文字の大きさなどを使い分けたい箇所がでてくるかもしれません。また、iOSアプリとAndroidアプリどちらも提供する場合、UIコンポーネントのデザインをAppleやGoogleの各プラットフォームごとに最適化させる箇所もあるでしょう。操作する媒体がスマートフォンなのか、パソコンなのか、テレビモニターなのかによってもコンポーネントのデザインは大きく変わります。

このように、すべてのプロダクトで展開できないコンポーネントが生じた場合、それぞれに最適化したデザインを作成する必要があります。その際には、各プロダクトごとにも担当者を充てて、デザインシステムを調整することで全体の一貫性を保ちながらも、柔軟性のあるユーザビリティの高いプロダクトへ仕上げることができます（**図6.9**）。

図6.9　プロダクトごとの担当者を配置

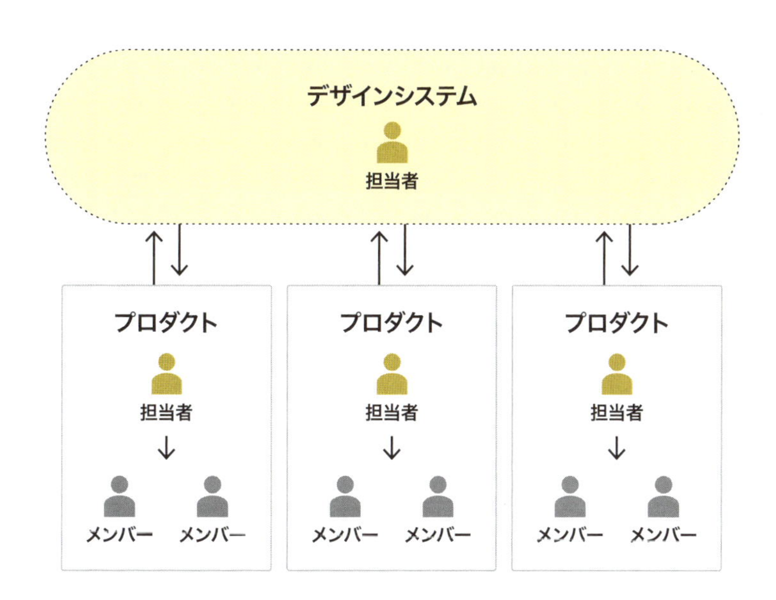

このようにプロダクトの規模や成熟度、開発体制によって担当者を充てたほうがよい場合もあれば、充てなくてもよい場合があります。以下のような特徴を勘案しつつ、あなたの所属するプロダクトに応じて、担当者を充てるかどうかを検討することが重要です。

改善活動が滞らない

担当者はデザインシステムという特定の課題に集中し、ほかのメンバーは自身のタスクに専念することができます。これにより、繁忙期などの状況でも初期フェーズで見逃した小さな負債や、時間が経って顕在化した負債にも優先的に対応できます。

一貫性を担保しやすい

ブランドイメージなど、言語化が難しい定義の意思決定においても、担当者がいることで決定の軸がブレにくくなります。情報が1か所に集まり、俯瞰して見ることができるため、一貫性を維持しながらブランディングがしやすくなります。また、デザイナーの経験が浅い場合でも、担当者と相談して意思決定を進められます。

ナレッジが溜まりやすい

検討経緯や判断経緯が1か所に集まっているため、効率的に判断軸を確立できます。また、責任の所在も明確であり、必要な情報は担当者に問い合わせればすぐに手に入ります。

一方で、担当者を充てることで担当者以外のメンバーの理解度が落ちてしまうといったデメリットも考えられます。メンバーにも当事者意識を持って更新内容のキャッチアップをしてもらえるよう、わかりやすいマニュアルやフローを作成する必要があります。

ひとつのプロダクトのみで運用する場合

1つのデザインシステムに対して1つのプロダクトの場合は、担当者を充てなくとも無理なく運用できる場合があります（**図6.10**）。

図6.10 プロダクトごとのデザインシステム

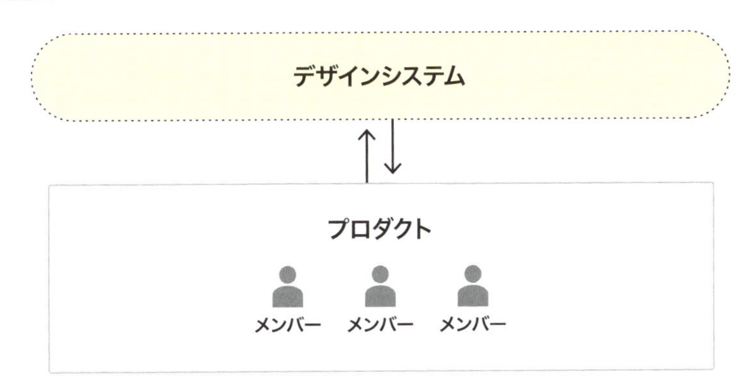

デザインシステムに担当者を充てるよりも、ユーザーインタビューなどにリソースを割いたほうがユーザビリティの向上が見込めることもあるため、プロダクトチームに合わせて担当者が必要かどうかを見極めましょう。

また、ほかのデザイナーやディレクター、エンジニアと一緒にデザインレビューを行うことで、担当者がいない場合でも一定の品質で一貫性を担保して運用できるでしょう。コミュニケーションコストはかかりますが、メンバー間での連携は一貫性を保つうえで重要になります。

担当者を充てず、デザイナーが業務のかたわらで運用する場合のメリットとデメリットは以下のとおりです。

柔軟に対応できる

デザイナー全員が状況に合わせて柔軟にデザインシステムを修正できるため、Webサイトに合わせたUIコンポーネントの作成や、新しい機能の追加といった作業をすばやく行えます。とくにアジャイル開発のように短期間で仮説検証を繰り返す開発手法の場合は、すばやい判断と柔軟な対応が求められるため各デザイナーに裁量権を持たせた方がよいでしょう。

属人化を防げる

デザイナー全員が関わるため、デザインシステムの理解度が深まり、担当者しかわからないという状況がなくなります。また、現場デザイナーのスキル向上にもつながります。

一方で、更新タスクの時間を確保するのが難しいことが課題になることもあります。また、一貫性を保ちながら各々で判断していくデザインスキルが求められます。

担当者を決める

デザインシステムを導入する際、推進者がそのまま運用担当者になることもあります。プロダクトの初期フェーズからいるデザイナーなら初期からの経緯も把握した状態で判断していくことができるでしょう。また、現場のリードデザイナーが自然と担当になる場合もあります。いずれにせよ、チーム内でもUIデザインに精通した推進力のあるデザイナーに任されることが多いです。責任感を持って取り組んでくれるメンバーがいれば、チーム内の意識も高まるでしょう。

しかし、運用担当者を充てたい気持ちはあっても、実際は難しい場合もあります。多くの場合、デザイナーの経験不足やリソース不足がその理由です。解決策として、以下のような手段があります。

堅牢なデザインシステムで運用する

運用経験者が少ない場合、だれでも同じ解釈ができるデザインシステムを作成することが重要です。

たとえば、命名規則やスタイルガイドを明確にすることで、ルールに沿ったパーツを作成しやすくなります。また、コンポーネントの利用シーンをまとめておくことで、コンポーネントの意図しない用途での使用を防ぐことが

できます。

堅牢なルールについては第4章の「堅牢さと柔軟さ、どちらを優先する？」でも解説しています。

チームでレビューする

週次や日次など定期的にデザイナーどうしが集まり、制作したものに対してレビューする場を作ります。

デザインについてはもちろん、ガイドラインに記載されているUIコンポーネントの使われ方や色使い、名称や説明の書き方などを指摘し合うことで品質の担保が見込めます。

また、リードデザイナーがメンバーに対しレビューを行うことで、一度でたくさんの人に効率的に知見を共有できるため、経験不足とリソース不足のどちらに対しても有効な手段になります。

UIキットを活用する

第4章でも紹介したとおり、Material Designのアイコンを活用したり、FigmaやSketchなどで提供されているデザインテンプレートやUIコンポーネントを使用したりすることで、ガイドラインの作成を省略しデザイン作業を効率化できます。

運用の簡略化

ローカルでの作業をクラウドのようなオンラインでの管理に変更することで、一元管理を実現し、データの受け渡しを簡略化します。

業務フローに運用タスクを組み込む

日々の業務フローに運用タスクを入れるのもよいでしょう。

案件終了時にコンポーネントの追加・整理やガイドラインの加筆をすることで、日々の業務のなかにデザインシステムの運用を組み込めます。業務フローに組み込んだ場合、最初のうちは大変かもしれませんが、徐々に効率化が進み、負担は下がる傾向があります。また、デザイナーチーム内で、業務フローに定期的に固定の環境整備タイムを設けるなど、組織によってさまざまな工夫をしているところが多い印象です。

これらの方法を柔軟に組み合わせることで、経験不足のメンバーでも運用に取り組む環境が整えられますし、リソースが不足している場合でも運用していくことができます。それでも難しい場合は、追加でリソースの確保を検討してみてもよいでしょう。リソースの確保方法については第3章「デザインシステムを作る前に」でも詳しく解説しています。

担当者になった場合も、すべてを一人で行おうとせずに、チームの協力を得ることが重要です。担当者にもっとも必要とされるのは、「チームで協力してやっていく」「困ったときは周囲を巻き込みデザイン組織を越えて取り組める」という前向きなマインドを持っていることなのかもしれません。

おわりに

最後まで本書をお読みいただき、ありがとうございました。

最近はデザインシステムを公開する企業や団体が増えてきましたが、それらがどのような過程で作られてきたかはなかなか見えにくい部分ではないでしょうか。

本書では、「デザインシステムとは」という基礎的な部分だけではなく、具体的にデザインシステムを導入する前の準備段階から設計・導入・運用とデザインシステムを作り上げて実務に落とし込んでいくためにできることをお伝えしてきました。

私たちの実務経験をベースに、ひとつの事例として紹介させていただきましたが、組織の規模やプロダクトのフェーズが異なれば、当然進め方も異なってくるでしょう。デザインシステムの構築と運用は組織やプロジェクトの数だけプロセスに個性が出ると思います。本書で得た知識をベースに、ぜひそれぞれの組織に合った方法や手段を見出していただければ幸いです。

デザインシステムの作成はプロダクト全体を俯瞰する必要がありますし、関係者も多いため、普段のデザイン業務と違ってなかなかうまくいかないということも多いかと思います。

私たちも日々仲間と相談したり、さまざまな方面からフィードバックを受け取りながら、デザインシステムに向き合っています。この本を読んだみなさまには、「悩んでいるのは決してひとりじゃない」と思いながら、よりよいデザインシステムをつくり上げていただきたいです。

この本がデザイン業界の発展の一助となり、みなさまの成長に貢献できることを願っています。

索引

英字

ア行

カ行

サ行

タ行

ハ行

マ～ヤ行

ラ～ワ行

株式会社ニジボックス

ニジボックス は「Grow all」を合言葉に、企業やサービスの成長に向き合い続けるリクルートグループのデザイン会社です。
「本質をつかむ創造を　期待を超える共創を」
私たちはこの言葉を企業のVisionとしています。
クライアントのサービスに向き合いつづけ、その先にいるカスタマーの本質的なニーズをとらえること。
期待を大きく超える新たな価値を共に創り出すこと。皆さまがサービスの成長を志したときに、真っ先にニジボックスを思い浮かべていただけることを目指しています。

■ スタッフ

カバー・本文デザイン：ライラック
DTP：酒徳葉子（技術評論社）
編集：村下昇平（技術評論社）

■ お問い合わせについて

本書に関するご質問は記載内容についてのみとさせていただきます。本書の内容に関係のないご質問には一切お答えできませんので、あらかじめご了承ください。また、お電話でのご質問は受け付けておりません。書面、または小社Webサイトのお問い合わせフォームをご利用ください。

〒162-0846
東京都新宿区市谷左内町21-13
株式会社技術評論社 第5編集部
『つくって、みなおす、デザインシステム』係

URL：https://gihyo.jp/book/2024/978-4-297-14411-1

ご質問の際には、書名と該当ページ、返信先を明記くださいますよう、お願いいたします。また、お送りいただいたご質問にはできる限り迅速にお答えできるよう努力しておりますが、場合によってはお時間を頂戴することがあります。回答の期日をご指定いただいても、ご希望にお応えできるとはかぎりませんので、あらかじめご了承ください。
ご質問の際に記載いただいた個人情報を回答以外の目的に使用することはありません。使用後はすみやかに個人情報を破棄します。

つくって、みなおす、デザインシステム

——現場(げんば)での合意形成(ごういけいせい)から設計(せっけい)、運用(うんよう)まで

2024年10月15日　初版第1刷発行

著　　者　株式会社(かぶしきがいしゃ)ニジボックス
発 行 者　片岡　巌
発 行 所　株式会社技術評論社
　　　　　東京都新宿区市谷左内町21-13
　　　　　電話：03-3513-6150　販売促進部
　　　　　　　　03-3513-6177　第5編集部
印刷／製本　日経印刷株式会社

定価はカバーに表示してあります。

造本には細心の注意を払っておりますが、万一、乱丁（ページの乱れ）や落丁（ページの抜け）がございましたら、小社販売促進部までお送りください。送料小社負担にてお取り替えいたします。
ISBN978-4-297-14411-1 C3055
Printed in Japan